U0488875

追梦飞扬 丛书

七彩心情
快乐由我

丛书主编 郭喜青 程忠智

本册主编 康菁菁

情绪管理

心理
健康

学习方法

人际交往

悦纳自我

生涯规划

中原出版传媒集团
中原传媒股份公司

大象出版社
·郑州·

图书在版编目（CIP）数据

七彩心情 快乐由我／康菁菁主编.— 郑州：大象出版社，2019.5
（"心梦飞扬"丛书／郭喜青，程忠智主编）
ISBN 978-7-5347-9468-1

Ⅰ.①七… Ⅱ.①康… Ⅲ.①情绪—自我控制—通俗读物 Ⅳ.①B842.6-49

中国版本图书馆 CIP 数据核字（2017）第 192112 号

"心梦飞扬"丛书

七彩心情 快乐由我

丛 书 主 编　郭喜青　程忠智
本 册 主 编　康菁菁
本册副主编　邓　利
本 册 编 者　康菁菁　王　琳　邓　利　韩沁彤　秦　杰　王　青

出 版 人　王刘纯
责任编辑　张　涛
责任校对　张迎娟　张英方
装帧设计　刘　民

出版发行　大象出版社（郑州市郑东新区祥盛街 27 号　邮政编码 450016）
　　　　　发行科　0371-63863551　总编室　0371-65597936
网　　址　www.daxiang.cn
印　　刷　河南新华印刷集团有限公司
经　　销　各地新华书店经销
开　　本　787mm×1092mm　1/16
印　　张　10.75
字　　数　147 千字
版　　次　2019 年 5 月第 1 版　2019 年 5 月第 1 次印刷
定　　价　38.00 元
若发现印、装质量问题，影响阅读，请与承印厂联系调换。
印厂地址　郑州市经五路 12 号
邮政编码　450002　　　电话　0371-65957865

"心梦飞扬"丛书编委会

北京市中小学心理健康教育名师发展研究室组织编写

主任： 谢春风

主编： 郭喜青　程忠智

委员： （按拼音顺序排列）

陈文凤　程忠智　邓　利　丁媛慧　董义芹　郭喜青

韩沁彤　黄菁莉　姜　英　康菁菁　李春花　刘海娜

刘秀华　刘亚宁　柳铭心　卢元娟　秦　杰　石　影

田光华　田　彤　王　琳　王　青　王园园　信　欣

杨　靖　于姗姗　张　丽　庄春妹

总 序

习近平总书记说："孩子们成长得更好，是我们最大的心愿。"帮助少年儿童踏上健康、快乐、幸福的人生道路，需要我们做好各方面的工作，心理健康教育就是其中一项重要的工作。

少年儿童在成长过程中会有许多心理上的困惑需要弄清楚、解决好，这套"心梦飞扬"丛书就是以服务少年儿童身心健康成长为根本宗旨而组织编写的。丛书依据中小学心理健康教育的五个主要板块进行分册，各有侧重、层层递进，帮助少年儿童构建身心健康成长的自我认知、体验、升华的策略系统：《独一无二的我》引导少年儿童客观认识自己的优缺点，明确自己的兴趣和优势，悦纳自我，建立自信；《要想常有鱼 必须学会渔》引导少年儿童重视学习方法，在真实问题情境中学会运用各种策略解决问题；《沟通无界限 朋友遍天下》引导少年儿童理解友谊真谛、珍惜师生情谊、感恩父母亲情，获得良好的同伴交往、师生交往、亲子交往体验；《七彩心情 快乐由我》引导少年儿童了解情绪变化的秘密，学会强化积极情绪，弱化、调节消极情绪，从而成为自身情绪变化的主宰者；《画好属于你的那道彩虹》引导少年儿童认识生命的美好，学会设计生涯规划，用聪明才智画好属于自己的那道人生彩虹，从而成就自己、温暖别人、服务社会。

本丛书的主编郭喜青和程忠智是全国著名的心理健康教育专家，他们在中小学心理健康教育领域有很多研究成果，成就卓然；丛书的编写者均是具有较深厚专业功底的中小学心理健康教育研究者和实践者，他们熟知少年儿童身心健康发展的特点、规律和成长需求，具有协助中小学生解决各种心理问题的知识和经验，能准确把握问题的关键点，解答简洁、清晰、专业，启发性强。因此，本丛书基于实践，又服务实践、引导实践，既适合少年儿童阅读，也适合广大中小学教师和家长阅读。特别要说明的是，本丛书是为数不多的适合中小学生自主阅读、学习、体验、省思的心理健康教育辅导读物，有利于中小学生通过自我心理健康教育体验，形成符合现代社会要求的积极而健全的人格，实现自我健康成长和全面发展。

当然，世界在快速发展变化中，人类的心理问题层出不穷，很难找到一种万全之法去解决各种各样的问题。但只要我们努力，总能取得进步。其实，我国传统文化中就蕴含许多关于生命、关于心理健康的大道智慧，如《黄帝内经》中"人以天地之气生，四时之法成""生之本，本于阴阳""阴平阳秘，精神乃治；阴阳离决，精气乃绝"的天人合一、阴阳和气思想，《大学》中"物格而后知至，知至而后意诚，意诚而后心正，心正而后身修，身修而后家齐，家齐而后国治，国治而后天下平"的格物致知、修德立身思想，《论语》中"君子成人之美，不成人之恶""入则孝，出则悌，谨而信，泛爱众，而亲仁"的与人为善、仁爱诚信思想，等等，都是心理健康教育思想的精华。我国中小学生的心理健康教育，要从世界科学发展中汲取新成就，更要从中华优秀传统文化中汲取大智慧和正能量。期待郭喜青、程忠智老师主编的"心梦飞扬"丛书，能在丰富、完善和提高中，进一步拓展更多少年儿童健康发展的心路！

谢春风

2018 年 12 月于北京

目录

情绪是一种复杂的心理过程，由我们每个人的主观体验、外在行为表现和相应的生理反应等相关因素组成。我们在生活中表达的情绪和心理学家研究的情绪有什么异同？情绪和我们的学习生活到底有怎样的联系？我们如何识别自己和他人的情绪并合理表达？让我们一起走近情绪朋友，来看看它的庐山真面目吧！

漫步情绪园——初识情绪

情绪知多少

　　亲爱的同学们，当你翻开这本书的时候，心情如何？是好奇、欣喜、茫然，还是激动？也许你会说："都有吧！"也许你会说："哪有那么夸张！看书的时候，我很平静哦！"不论你当下的感受如何，可以确定的是，多彩的情绪始终陪伴着你。从你清晨醒来的那一刻起它就陪伴着你开始一天的"工作"了。现在，就让我们一同走进心灵花园，认识一下这位如影随形的朋友吧！

情绪多棱镜

　　当我们谈到"情绪"这个词的时候，首先出现在你脑海中的是哪些表示情绪的词语呢？早在我国古代，就有"七情"的说法。这"七情"是指喜、怒、哀、惧、爱、恶和欲。美国心理学家伊扎德经过多年研究提出了人类的 11 种基本情绪，即兴趣、惊奇、痛苦、厌恶、愉快、愤怒、恐惧、悲伤、害羞、轻蔑和自罪感。在我们日常的学习和生活中，相信你对这些情绪也有所感受吧！反复尝试终于解答出一道难题时，你感受到什么样的情绪？得知你班在篮球比赛中输掉的消息时，你心头涌起的是什么情绪？听说好朋友即将转学，你又是何种情绪呢？

　　情绪时刻与我们相伴，需要我们用心去体验它向我们身体发出的信号。心理学研究发现，当快乐像泉水一样流淌的时候，我们通常会有温暖、放松的感觉。当悲伤像寒风一样袭来的时候，我们往往会肌肉紧张、心跳加快、喉咙堵塞、冷意阵阵、泪水涟涟。当恐惧像迷雾一样蔓延开来时，心跳加快、肌肉紧张、呼吸急促、冷汗涔涔的感受你也可能体验过吧？

　　而这些比较激烈的情绪往往伴随着一些外部行为，如面部表情、姿态表情、语调表情等。在与人交往的过程中，我们往往通过观察他人的面部表情来推测他们的情绪状态。那么，下面这些面部表情的背后有哪些情绪呢？你能将对应的词语填到括号中吗？

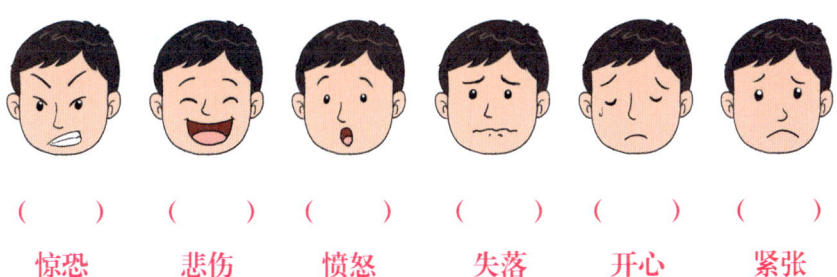

（　　　）　　　（　　　）　　　（　　　）　　　（　　　）　　　（　　　）　　　（　　　）

惊恐　　　**悲伤**　　　**愤怒**　　　**失落**　　　**开心**　　　**紧张**

　　除了面部表情，姿态表情也是非常重要的表达情绪的方式之一。姿态表情包括身体表情和手势表情。当我们处于不同的情绪状态时，身体也会随之做出不同的姿态。比如我们紧张的时候，往往走来走去、坐立不安；恐惧的时候，往往蜷缩身体、夹紧双肩；愤怒的时候，往往捶胸顿足、抻颈暴跳；兴奋的时候，往往振臂高呼、跳跃欢腾。

　　心理学家通过研究发现，手势表情是通过学习得来的。下面这些图中的手势分别传递了什么样的情绪呢？请你尝试连线。

  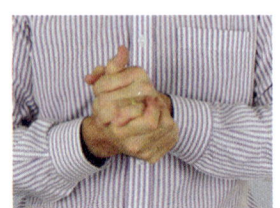

愤怒　　　　　　　**紧张**　　　　　　　**开心**

通常情况下，手漫无目的地乱动传递出紧张、慌乱的情绪，自然摊开的双手传递出坦然、轻松的情绪，紧紧攥起的拳头往往与誓不罢休的愤怒或一鼓作气的兴奋联系在一起，手挠后脑勺、抓耳垂流露出羞怯的情绪，反复搓手则传递出紧张或焦虑的情绪。当然，在不同的民族、团体和特定的环境下，手势传递的情绪也会存在差异，这就需要我们在生活和学习中不断总结。

语调表情常和手势表情一起呈现，语音语调的变化还能促进情绪的表达。如：童话剧中，女巫尖锐、急切、嘶吼的语音语调表达了她的愤怒；足球场边，球迷高亢、激昂、嘶哑的语音语调释放出他们的兴奋；废墟旁，灾民低沉、微弱、颤抖的语音语调传递着他们的哀伤、痛苦。

情绪伴随我们的生活，无时不在。表达情绪似乎是我们不用学习、与生俱来的能力：当我们还是襁褓中的婴儿时，就会通过大声哭闹表达自己对温饱的需要；当我们得到妈妈的爱抚时，会用纯真的微笑表达自己的满足；当有人抢走了我们手中心爱的玩具时，我们会伤心地拍打和哭叫。同时，我们每个人日常的精神状态又有很大差异：有些人天性洒脱、开朗，常常表现出积极快乐的一面；而有些人则生性拘谨、压抑，紧张、焦虑、悲伤

的情绪流露得比较频繁。

此外，这种差异还体现在情绪的强度上。例如，对于同一件事，有些人表现得从容镇定、云淡风轻，有些人则如坐针毡，甚至暴跳如雷。拿考试焦虑来说，大部分同学能够感受到考试带来的焦虑和压力，但不会被压倒；而有一部分同学，在某些特定的情况下陷入了焦虑的循环，一时无法自拔。我们一起来看看下面这个故事：

篮球比赛刚刚结束，七（2）班的教室里混杂着各种声音。不少人都在抱怨本场比赛中最后被七（5）班逆转的那个三分球。

"黑哨！绝对是黑哨！那个球根本就是走步了！裁判对这么重要的球竟然睁一只眼闭一只眼，那不是明显偏袒五班吗？"中锋李强边说边愤怒地摔打着刚换下来的球衣。

"对！我们投诉裁判去！太气人了！"啦啦队队长菲菲也激动地附和着。

"我看也不全是这个三分球的问题！"后卫思凡抹了一把脸上的汗水，定了定神接着说，"后半程我们打得过于保守了，不敢进攻，被五班压着打，所以才会被动失分！"

"没错，我觉得与其说是这个三分球逆转了咱们班，还不如说是我们自己浪费了机会！""场外军师"纪明海也赞同地补充着。

"我就是咽不下这口气！"李强气鼓鼓地说，"大好的开局就这么烂尾了？！后面几场比赛还怎么打？"

"凶多吉少啊！"不知谁冒出了这么一句话，又引起了大家一阵议论。

"比赛输了大家心情都不好。目前我们的问题是后几场比赛怎么准备，怎么打！"班长徐浩洋站起身来，准备发表他的观点。

"谁说心情不好？我心情就挺好！输了才知道自己几斤几两，省得某些人成天在班里嘚瑟！"教室的角落里飘出辛可铭的声音。

"你说谁呢？你把话说清楚了！"李强一拍桌子站起身，抬脚就向辛可铭走去。

"好了好了！大家都少说两句。"班长眼疾手快拽住了就要爆发的李强，"上场打球的都是英雄！加油助威的也都是亲人哪！咱们可不能先起内讧了！"

"我看这输球是坏事，也能是好事！"纪军师扶了扶眼镜抑扬顿挫地说道，"顺风顺水的球谁都能打好，这逆境取胜的本事还得看咱们七（2）班！各位大侠，咱们从长计议，定能把后面的对手掀翻下马！"

"哈哈哈……"教室里又响起了轻松的笑声。笼罩在七（2）班同学们心头的那片乌云似乎渐渐飘走了。

从这个故事我们可以看出，面对同一件事，有人抱怨，有人愤怒，有人担忧，有人冷静……不同的人情绪强度的表现是有差异的。

此外，情绪的差异还体现在持久程度上。在遇到不舒服、不称心的事情时，大多数人都会有失落、悲伤、郁闷的情绪。有些人持续的时间很短，一觉醒来就烟消云散了；而另一些人则会反复被不舒服的情绪搅扰，很长一段时间都难以走出这种情绪。

情绪的先天禀赋、强度和持久程度折射出情绪的不同色彩。如果转换情绪多棱镜的视角，还会有哪些色彩呈现呢？

情绪具有与生俱来的特质，喜、怒、哀、惧的发生和事情相伴。这种感觉如果自然地流露和表达，就会自然终结。接纳和顺从这种最初的感受不会导致情绪和行为失控，心理学家称它为原生情绪。我们在生活中常常能体验到这样的原生情绪。例如，当好伙伴搬家离开，你不得不面对分离的时候，伤心的情绪是自然而然的原生情绪。但如果表现为对好友不理不睬，甚至怨恨恼怒，责备他离自己而去，或威胁他从此与他断交，那就是压抑原生情绪后的夸张甚至病态的表现了。这样的情绪通常不与事情相伴，或与事情本身不符，被称为派生情绪。这种感觉如果被不当表达，将无法导向积极的行动。识别和表达原生情绪，觉察夸张的派生情绪是使我们的情绪走向健康成熟的重要途径。

情绪影响力

在我们的生活中，情绪发挥着怎样的影响力呢？让我们一起从下面几个方面来进一步认识这位朋友。

1. 情绪与身体健康

中国传统医学有"怒伤肝，喜伤心，忧伤肺，思伤脾，恐伤肾"的说法。强调愤怒、喜悦、悲伤、思虑和恐惧等情绪如果持续的时间过长或者强度过大，都会对人的身体产生伤害。例如《儒林外史》中范进因多年寒窗苦读，一朝中举狂喜失心疯癫；《三国演义》中精于谋略但每每逊于孔明的周公瑾因妒生怒英年早逝；《红楼梦》中"眼空蓄泪泪空垂"的黛玉忧伤成疾，最终香消玉殒。

如果说文学作品中的"情绪之疾"有演绎夸张的成分，那我们现实世界对于情绪的研究又是怎样的呢？心理学家的研究已证实：情绪与人的身体状态是有密切联系的。当积极情绪，例如高兴、兴奋、愉快的情绪出现时，人脑就会分泌多巴胺，使人感觉精力充沛而富有创造力。当消极情绪，例如悲伤、愤怒、羞愧的情绪出现时，人体的内分泌会受到影响，体内会出现毒素，使我们的免疫力下降，长此以往，消化不良、胃痛、腹泻、头痛、血压升高、神经衰弱等也就找上门来了！

　　近年来的大量研究发现，情绪的起伏与冠心病的发生关系密切。下面我们一起做个游戏，请你尝试把下列描述情绪或行为特征的词语进行分类，把有可能引起身心不适的词语填到"A 圈"中，反之则填到"B 圈"中。

　　忙于竞争　心境平和　随遇而安　不慌不忙　过度工作
　　容易生气　不耐烦　有时间紧迫感　不经常看表

A 圈	B 圈

　　好了，我们看看你在"A 圈"和"B 圈"里都填了哪些词语。

　　显然，忙于竞争、过度工作、容易生气、不耐烦、有时间紧迫感更容易引起紧张和焦虑的情绪。而持续的消极情绪会导致人体机能下降，成为诱发冠心病的重要危险因素。心理学家将这样的情绪和行为特征称为"A 型行为类型"。这种类型的人是冠心病的易感人群。

　　可见，尽快识别、调节自己情绪中的消极因素，对于我们每个人的身体健康尤为重要！

2. 情绪与学业表现

心理学家发现，情绪与学业表现的关系也非常密切。有研究表明，良好的情绪有助于学生认知活动的开展和主动学习态度的培养，促进其身心健康发展。积极的情绪，如自豪、高兴、希望、满足、平静、放松能够促进学业发展，而消极情绪，如焦虑、羞愧、厌倦、无助、沮丧、心烦则阻碍学业发展。其中，无助的情绪对于学业的影响最为显著。

心理学关于无助情绪的研究最著名的就是塞利格曼教授用狗做的一组实验。实验中，他将狗分为两组，第一组狗被放进一个有电击装置的笼子里，对它们施加引起疼痛感的电击，并确保其无法从中逃脱。开始，狗在电击刺激下反复尝试逃离，但因为始终没有成功，最终选择了无奈地卧倒接受电击。接着研究者将这组狗放到另一个带有逃离隔板的电击装置中，它们只需轻轻一跳就可以逃离电击区域，但受过电击无法逃离之苦的狗却选择了和原来同样的方式，惊恐地倒地接受电击。另一组狗，研究者一开始也将其放进无法逃离的电击笼，但不同的是，只要它们对电击采取挣扎反应，就停止电击。接下来当把其放进可逃离电击笼时，这一组狗都跳过隔板顺利逃离了。像第一组狗一样，如果通过多次努力都改变不了失败的结果，大多数人也会对自己的能力产生怀疑，以致彻底放弃努力，消极对待学习、生活。这样的无助情绪是通过反复失败"学"会的，所以被心理学家称为"习得性无助"。我们在学习中如果陷入这种"学"来的无助情绪中，就会体验到比较严重的挫败感。所以，早一些识别自己的无助情绪，并及时调整，将有助于我们学业的进步。

3. 情绪与人际关系

情绪对于人际关系的影响又是如何产生的呢？情感的互动是人与人交往的纽带，而情绪的表达则是情感互动的重要方式。不恰当的情绪表达会使人际互动陷入尴尬甚至危险的境地，造成人与人之间的摩擦甚至伤害。最常见的对于愤怒情绪的不当表达，往往会转化为对他人的攻击和暴力行为。曾有报道说，一位经常给流浪猫喂食的 52 岁老人因 3 元的猫粮与商店老板发生口角和肢体冲突，在邻居眼中为人好、做生意口碑好的商店老板最终成了这场争斗的受害者——意外身亡。这样的结局令人唏嘘之余，也让我们见证了消极情绪失控导致的人际关系灾难。

与之相对，积极乐观的情绪和恰当的情绪表达则可以带来和谐美好的人际关系。有研究表明：愉悦、乐观等积极的情绪可增强社会联系，有利于我们积极主动地参加活动；积极情绪能够促进协商与谈判等的顺利达成；积极情绪体验多的人表现出更强的人际互动意愿和对他人更复杂的理解力。可见，对于情绪的认识与表达有助于我们建立和维系良好的人际关系。

就像下面《十二次微笑》这个小故事中的空姐，她用真诚的微笑、诚恳的道歉扭转了剑拔弩张的关系。

十二次微笑

飞机已经在跑道上滑行，在起飞前的最后一次客舱检查时，一位乘客提出需要一杯水吃药。空姐小李礼貌地告知："先生，我们的飞机很快就要起飞，为了您的乘坐安全，请稍等片刻。飞机进入平稳飞行后，我会尽快把水送到您这儿。感谢您的理解和支持！"

飞机进入平稳飞行状态后，小李忙着为其他乘客服务，一时忘记了送水给那位乘客的承诺。急促响起的乘客服务铃让她猛然意识到飞机已经进入平稳飞行一段时间了。小李迅速来到客舱，小心翼翼地把水送到那位乘客面前，带着深深的歉意和些许紧张，面带微笑地说："先生，非常抱歉！延误了您吃药的时间是我工作的疏忽！"乘客指着手表怒声质问道："有你这样服务的吗？一个'尽快'就把我糊弄了。都过多久了？"小李一阵委屈涌上心头，端着水的手有些颤抖。她平复了一下自己的情绪，坚持微笑面对乘客，耐心解释，诚恳道歉。但无论她如何表达，正在气头上的乘客就是不肯原谅她。

在后来的飞行途中，为了弥补自己的无心之失，小李每次去客舱都会特意走到那位乘客面前，面带微笑地询问他需要什么帮助。余怒尚存的乘客并没有理会她的善意，仍旧是一副拒人于千里之外的表情。

在紧张的气氛中，这次的飞行旅程似乎也变得长了一些。当飞机即将着陆时，那位乘客向小李索要留言本。看来，投诉在所难免了。尽管心怀委屈，但小李坚持面带微笑，诚挚说道："先生，请允许我再次向您表示真诚的歉意！对于您提出的任何意见，我都将欣然接受！感谢您对我工作的理解与支持！"那位乘客接过留言本，欲言又止，随后表情严肃地在上面书写起来。

飞机安全抵达目的地，乘客陆续离开机舱，小李完成所有整理工作后，忽然想起了乘客的留言。令她意想不到的是，留言本上书写的并不是投诉意见，而是这样一段文字："在这次旅行中，你的真诚致歉和温暖人心的十二次微笑让我对你工作的疏忽逐渐释怀。感谢你的全心服务！如果有机会，我还愿意再次乘坐你们的航班！"

面对他人的挑剔，我们心中难免涌起委屈、烦躁甚至恼怒的情绪。但是空姐小李以平静的情绪、真诚的歉意和微笑的表情面对乘客，以积极健康的情绪感化了心生不满的潜在投诉者，最终化解了冲突，促进了人与人之间的理解与尊重。

既然积极的情绪对人的健康发展如此重要，那么如果我们只保留积极的情绪，彻底消除消极的情绪是不是就可以健康无忧啦？这个假设听起来很有道理，但在实际生活中是否行得通呢？试想，如果没有未雨绸缪的焦虑，怎会做到有备无患的从容？如果没有痛彻心扉的哀伤，怎会感受无可挽回的珍贵？积极情绪与消极情绪不是非黑即白的两面，健康的情绪需要合理调配它们的比例。有研究发现，3∶1的比例是积极情绪与消极情绪的最佳配比。在这种状态下，人往往表现得积极、乐观又稳重、镇定。

对于消极情绪，我们需要关注的是其持续的时间是否过长，是否超过了本人能够承受的强度，自己是否陷入消极情绪的循环不能自拔。同时我们也要看到，积极情绪不一定总是无害的"好"情绪，持续过长、强度过大的积极情绪也会对人的身心造成损害。

觉察自己的情绪，了解他人的情绪，接纳多样的情绪，调节消极的情绪，保持积极的情绪。从今天起，让我们试着和情绪做朋友吧！

练习与拓展

一、体验吧

生活中，我们对情绪的体验大多是在不知不觉中发生的，你也许对当时自己的姿态、心情、身体感受没有留下清晰的印象。下面，让我们在两个活动中将情绪的痕迹回溯一番。

【活动一】蜗牛之旅

请你调整一下坐姿，确定你的椅子方便搬移。确认无误后请你做一次深呼吸。先深深地吸气，感觉身体舒展，将空气深深吸入体内，再轻轻地、缓缓地吐气，尽量平稳、连贯。你可以尝试做三次这样的深呼吸。

当你完成第三次深呼吸后，请将上身向前弯曲，与下肢呈90°，同时用

手托起椅子，将其背到自己的背上（见下图）。请你保持这样的姿态，然后尝试迈出你的左脚、右脚、左脚、右脚……动作是如此的轻缓。此刻，你是一只小小的蜗牛，而你的背上是重重的壳。你背着你的壳向前行进，一步步、一点点、一天天，慢慢地行进着、行进着……

当你背负"蜗牛壳"绕屋行走一圈后，轻轻放下你的"壳"。也许你现在已经气喘吁吁了，也许你在疑惑这是什么活动。请把疑虑放到一边，调整一下呼吸，像刚才那样，先深深地吸气，再轻轻地、缓缓地吐气，第一次，第二次，再来一次。

好了，下面我们一起来整理一下心绪。请你静静地思考，并尝试回答下面的问题：

（1）当你背负椅子的时候，身体有什么感觉？

_____

（2）这种感觉你在学习、生活中的哪一刻曾经体验过？

_____

（3）那些压在你身上的重量是什么？

_____

【活动二】逗你玩

请你找一粒绿豆（或大米），把它放进自己穿着的一只鞋里（凉鞋可不行哦），然后戴上耳机（如果你确定不会吵到别人也可以打开音箱），听一支你近期最爱听的歌曲（或乐曲）。注意，当音乐响起时，请随着音乐舞动你的

身体，比如抬起双脚、走起来、蹦起来、跳起来。音乐不停，奔跑、跳跃不止！

好了，音乐结束了，让我们共同回味一下你这次"闻乐起舞"的情况。

（1）当在鞋里放入绿豆（或大米）并舞动起来的时候，你感觉到了什么？（如你脚上的感觉，还有你的心情）

_____

_____

（2）在你的学习中，有没有类似感觉的事情发生？

_____

（3）是什么事情让你感觉到这种类似鞋里有绿豆（或大米）的滋味？

_____

_____

（4）现在，倒出鞋里的绿豆（或大米），你的心情如何？如果清除掉学习中的"绿豆（或大米）"，你的心情会有什么不同？

_____

_____

二、做一做

1. 亲爱的同学们，你写过情绪日记吗？把自己的情绪像播报天气一样呈现出来，了解与这些情绪相关的事件和自己当时的想法，感受和情绪在一起的每一天，也许你将有不少新发现哦！下面的表格中有一些示例，你可以根据实际情况写下自己的情绪日记。

我的情绪日记

日期	情绪天气	印象深刻的一件事	我的想法	当时的情绪
3月5日	晴	作文被当作范文在全班宣读	读课外书让我越来越擅长写作文	骄傲、自豪
3月6日	小雨	妈妈把我的iPad没收了	这次被妈妈发现我玩游戏超时，太倒霉了	伤心、生闷气
3月7日	多云	数学课上有一道思考题想了半天才有解题思路	此路不通，但总会有办法的	紧张、庆幸

当完成一周的记录时，你发现了什么？这样的记录对你的学习、生活有什么影响？

_____

_____

2. 试着填写下表。你可以每日记录一件发生在自己身上或自己身边的事，思考事情发生时，你受到害怕、忧虑、快乐、厌恶和愤怒哪种情绪的"指挥"更多一些，并根据自己的判断将相应数量的"♡"涂上颜色。

我的头脑特工队

每日一事	害怕	忧虑	快乐	厌恶	愤怒
英语老师抽查背课文，昨天我刚好复习了	♥♥♡♡♡	♥♡♡♡♡	♥♥♥♡♡	♥♡♡♡♡	♡♡♡♡♡
	♡♡♡♡♡	♡♡♡♡♡	♡♡♡♡♡	♡♡♡♡♡	♡♡♡♡♡
	♡♡♡♡♡	♡♡♡♡♡	♡♡♡♡♡	♡♡♡♡♡	♡♡♡♡♡
	♡♡♡♡♡	♡♡♡♡♡	♡♡♡♡♡	♡♡♡♡♡	♡♡♡♡♡
	♡♡♡♡♡	♡♡♡♡♡	♡♡♡♡♡	♡♡♡♡♡	♡♡♡♡♡
	♡♡♡♡♡	♡♡♡♡♡	♡♡♡♡♡	♡♡♡♡♡	♡♡♡♡♡
	♡♡♡♡♡	♡♡♡♡♡	♡♡♡♡♡	♡♡♡♡♡	♡♡♡♡♡

　　记录一段时间后，看一看你的"头脑特工队"中哪种情绪出现得最多？当你和这种情绪在一起的时候，身体感觉如何？你和家人、朋友的关系如何？

_____

_____

_____

_____

　　在你的"头脑特工队"中，哪种情绪是你比较喜欢的？它给你及你的学习带来了什么影响？哪种情绪是你还不太了解和喜欢的？想一想：如果没有这种情绪，会对你产生什么影响？

_____

_____

_____

三、测一测

亲爱的同学，通过以上练习，你对情绪有了哪些新认识？完成下面的测试，将有助于你了解自己对情绪的认识能力。请认真阅读每一道题，在读懂题意的基础上，从 A、B、C 三个选项中勾选出与你实际情况最相符的一项。

1. 当你心情烦躁不安时，你知道是什么事情引起的吗？

A. 很少知道　　　　　B. 基本知道　　　　　C. 有时知道

2. 有人突然出现在你身后时，你的反应是怎样的？

A. 感受到强烈的惊吓　　　B. 很少感受到惊吓　　　C. 有时感受到惊吓

3. 当完成一项工作或学习任务时，你感到轻松、愉快吗？

A. 没什么特别的感觉　　　B. 经常有这种体验　　　C. 有时有这种体验

4. 当你与他人发生口角或关系紧张时，能否体验到自己的不快？

A. 能　　　　　　　　B. 不能　　　　　　　C. 说不清楚

5. 当你专心致志地从事某项活动时，你知道这是你的兴趣所致吗？

A. 知道　　　　　　　B. 不知道　　　　　　C. 很少知道

6. 你在生活中遇到过令你非常讨厌的人吗？

A. 遇到过　　　　　　B. 没遇到过　　　　　C. 说不清楚

7. 你与家人或亲朋好友在一起的时候，感到幸福和快乐吗？

A. 感觉不到　　　　　B. 说不清楚　　　　　C. 是的

8. 假如别人有意为难你，你感觉如何？

A. 没什么感觉　　　　B. 觉得不舒服　　　　C. 感到气愤

9. 如果你排队买东西等了很长时间，这时有人插到你前面，你感觉如何？

A. 感到很气愤　　　B. 觉得不舒服　　　C. 没什么感觉

10. 如果有人用刀子威胁你把所有的钱交出来，你会感到害怕吗？

A. 不害怕　　　　　B. 害怕　　　　　　C. 也许害怕

11. 别人赞扬你的时候，你会感到高兴吗？

A. 说不清楚　　　　B. 会　　　　　　　C. 不会

12. 你遇到过令你非常佩服和尊敬的人吗？

A. 遇到过　　　　　B. 说不清楚　　　　C. 没有遇到过

13. 如果你错怪了他人，事后你会感到内疚吗？

A. 不知道　　　　　B. 会　　　　　　　C. 不会

14. 假如你认识的一个人低级庸俗又喜欢对别人指手画脚，你会瞧不起他吗？

A. 不知道　　　　　B. 会　　　　　　　C. 不会

15. 假如你不得不与情谊深厚的朋友分开，你会感到伤心吗？

A. 说不清楚　　　　B. 肯定会　　　　　C. 不会

回答完毕后，请检查一下自己是否有漏答的题目。如果全部勾选完毕，请根据下面的计分表统计分数。

计分表

题号		1	2	3	4	5	6	7	8	9	10	11	12	13	14	15
得分	A	1	3	1	3	3	3	1	3	1	2	3	2	2	2	2
	B	3	1	3	1	1	1	2	2	2	3	2	3	3	3	3
	C	2	2	2	2	2	2	3	1	3	1	1	1	1	1	1

根据计分表查出每题的得分，计算出你的总分为 _____ 分。

请根据你的总分，参考下面不同分数段的描述，了解你当下对自己情绪的识别属于哪种类型吧。

敏感型（36~45分）

能够准确、细致地识别自己的情绪，并能认识到情绪产生的原因。这种能力如果运用得当，就能够培养出积极的人生观，有利于发展完善的人格。但需要注意的是，如果运用不当，也可能会出现以下几种极端情况：①悲观绝望，被动地接受各种消极情绪，变得抑郁；②乐天知命，整天乐呵呵的，对各种情绪采取轻描淡写的态度；③沉溺其中，被卷入自己情绪的狂潮中，无力自拔。

适中型（26~35分）

能够识别自己情绪的冲动，能够区分基本的情绪，不能区分一些性质相似的情绪。例如，不能区分"愤怒""悲伤""嫉妒"等不同的情绪，将其都描述为"难受"。导致情绪区分模糊的原因主要有三：一是体验情绪的强度不够，二是不能准确地识别引发情绪的原因，三是掌握的情绪词汇数量太少。

冰山型（15~25分）

很少感受到情绪冲动，对喜、怒、哀、乐等基本情绪缺乏明确的区分。通常表现较为冷漠，在与人进行情感交流时可能会有一定的困扰。建议在需要的时候与信赖的师长或者心理咨询专业人士交流。

【重要提示】任何测试都是一面模糊的镜子，它也许可以反映你当下某些方面的心理特点，但并不代表你的未来和你的全部！作为正在成长的青少年，无限精彩的未来掌握在你自己手中！

（资料来源：张洁：《你会调控自己的情绪吗》，科学出版社2004年版，有改动）

情绪何处来

你知道情绪是从哪里来的吗？在它们产生之前，我们的身体、心理都发生了什么变化？你是否已经会觉察这些变化？我们需要把恐惧、紧张、悲伤等情绪驱逐出我们的身体吗？一些因自我保护而产生的情绪是怎样一点点演变成对我们身体的威胁的？这些体验是如何影响我们的行为的？也许以上这些问题你曾经疑惑过，或者从未考虑过，不过没关系，不论你现在处于怎样的状态，我们都邀请你进入下一个环节，看看情绪来临前，我们的身体、心理与环境之间有着怎样的联系，这些联系又对我们表达情绪、管理情绪有怎样的作用。

情绪源泉探秘

我们知道，每个人都有情绪，可它是从哪里来的呢？是因外在环境刺激而产生的，还是伴随着我们每个人对于事物的看法、身体反应而来的？如果这个问题不好回答，你不要急于给出答案。让我们先从睿睿的故事中一起探秘吧！

　　教室里，睿睿正在读自己心爱的故事书，同学川川像一阵风一样从她身边跑过，把睿睿的作业本碰到了洒了水的地面上。看到刚写完的作业沾水后，字迹一团模糊，睿睿很伤心。她觉得都是川川惹的祸，如果川川刚才没有碰掉作业本，她的作业就不会"受伤"。为此，睿睿不想跟川川说话，甚至有些怨恨川川。

　　你能从故事中找出描述睿睿情绪的词语吗？相信聪明的你很快就能捕捉到"伤心""怨恨"两个词语。"伤心""怨恨"是从哪里来的呢？我们很快便能发现产生情绪的外因——睿睿看书，川川从旁跑过把睿睿的作业本碰到了洒了水的地面上。于是，我们便得出一个结论：因为川川把睿睿的作业本弄湿了，所以睿睿才会伤心。是的，我们必须要承认，"作业本被别人弄脏了"这件事对大部分同学的情绪都会有影响，换句话说，因作业本湿了，绝大部分同学都会产生不愉快的情绪。可是即便这样，我们就能说睿睿的"伤心"情绪是由"作业本湿了"这件事引起的吗？也许对有些同学而言，他们会觉得"虽然作业本弄湿了我会很伤心，但川川也不是故意的"，或许还有些同学会从自己身上找原因："要是我自己能把作业本收好，也不至于被碰到地上……"总之，对不同的人而言，即便发生相同的事情，每个人的内心体验也会千差万别，而这些内心体验又会第一时间由情绪通知我们，进而影响我们的行为。读到这里，我们便不难得出一个结论：每一种情绪都是由外在事情引起的，但外在的事情仅仅是一种刺激，至于产生怎样的情绪最终还是由不同人的内心体验决定的。因此，确切地说，我们的情绪是从内部体验而来的。

转换角度看情绪

　　拿起这本书时，你也许有很多很多的期待，能学到赶走"坏情绪"的方法可能是其中之一。可是，亲爱的同学们，你们有没有想过，不论是"好情绪"还是"坏情绪"，它们本身都源自我们自己，而我们又能怎样"打败"自己呢？这恐怕是个让人困扰的世界级难题啊！事实上，我们的初衷是消除像恐惧、焦虑、悲伤及愤怒等让人不舒服的情绪，可结果往往事与愿违。向"坏情绪"宣战似乎已经在我们每个人的心中形成一种习惯，而我们今天要做的是换个角度试试看——打破这种习惯，改变以往应对情绪的方式，学会如何更好地理解并宽容对待这些让你难受的情绪，学着去了解和接纳这些情绪。有时候，改变会让我们望而却步，然而只要迈出第一步，一旦有了这样的体验，你会发现你可以应付各种各样的情绪问题，从容面对学习生活。问题是，我们要如何拥有这样的体验呢？俗话说"知己知彼，百战不殆"，若要理解并宽容对待自己的消极情绪，我们需要再次深入探究情绪的功能。我们先来阅读一则小故事吧！

没有痛觉的小女孩

　　茜茜看起来和其他5岁的女孩没有什么不同，她喜欢奔跑跳跃，喜欢攀爬游戏。但是，当她突然从运动器械上重重摔下造成骨盆损伤的时候，医生却发现她只是因受到惊吓而有点害怕，对于受伤产生的疼痛却没有丝毫感觉。

是的，这才是茜茜与其他 5 岁孩子的最大不同——她没有痛觉！从茜茜很小的时候，她的父母就发现在别的小孩因跌倒、撞伤、烫伤、擦破皮出血而哇哇大哭的时候，茜茜却以为这是一种有趣的游戏。她不能觉察和感受到这样的行为给自己身体带来的伤害。与其他小孩学习认识周围的世界不同，茜茜的主要任务是学会辨识给自己带来伤害的行为。对她来说，知道流血是有害的，被重物压到自己是会受伤的，身体遭受重创是非常危险的，比其他任何知识都更为重要。但这显然也是非常艰难的。她渐渐知道被人踩到应该是疼痛的，但被小猫小狗蹭到是不是也会受伤呢？对于一个小女孩来说，没有痛觉的生活看似美好，实际却隐藏着重重危险。失去痛觉的茜茜有着常人难以想象的苦恼……

情绪对我们的影响，正如疼痛的感觉对我们的影响一样，它存在的重要意义首先是保护身体，延续生命。可以想象一下，当你要穿过马路时，一辆车摇摇晃晃地向你开来，这引发了你的恐惧，也许在你都不知道这是恐惧的时候，你的身体已经躲避到安全的地方了。这里的恐惧是自我保护的一种体现，它挽救了你的生命。实际上，所有的情绪最初都来源于生命体的自我保护。让我们一起来看看那些日常生活中我们不想要的情绪是怎样帮助我们生存下来的吧。

恐惧是我们本能的警报系统。它是对危险的基本反应。看见房屋倒塌，你会本能地躲闪逃离，这里面就有恐惧的功劳。

悲伤是一种绝望感或无法独自应对的无助感。我们常常看到一个悲伤的人会在某个地方抽泣或号啕大哭……可以想象，假如这个悲伤的人就在你身边，你会不会忍不住伸出援手？因此，表达悲伤也是向他人发出求助信号，以获得来自他人的支持和帮助。

当一个人焦虑时，大脑向他发出信号：集中注意力，应对未来的威胁。而应对威胁的目的就是自我保护。因此，当我们焦虑时，我们的身体会处于警备状态，这样一旦危险的事情发生，我们就不会毫无防范了。

明天就开学了……

愤怒是一种高能量的情绪，它能帮助我们对外来的故意伤害、虐待或欺辱等做出自然反应，并能在第一时间采取行动，保护自己或他人。尽管愤怒经常与我们不喜欢的情况联系在一起，但我们也要看到，愤怒是在为我们提供能量，让我们采取行动制止别人的让你感到不满或不公正的行为。从某种意义上说，愤怒是在教会我们捍卫那些很重要同时又感受到被威胁的东西，阻止别人伤害自己。

由此我们知道了：消极情绪并不一定都是糟糕的。当我们对情绪的功能有了更深的了解，我们就不会再对消极情绪抱有敌意了。让我们苦恼的是，既然所有的情绪都有它存在的价值，为什么我们还要极力排斥一些消极情绪呢？情绪是如何从我们的朋友变成敌人的？大家一定听说过"忠言逆耳"这个成语，情绪和我们的关系也可以用它来形容。就拿焦虑来说吧，当我们不知道未来会发生什么时，焦虑就会产生，使原本安静的身体好像听到迫不及待的敲门声，进而产生很多不舒服的反应：头痛、坐立不安、手心出汗，甚至会恶心呕吐等。所有这些让身体不舒服的感觉使我们很难识别情绪的好意，更不会理解情绪是在用"逆耳"的方式向我们传递"忠言"。我们大多认为身体的不舒服感是由消极情绪带来的，所以很多人总是向它们挥舞着拳头，想要把消极情绪尽快赶走。然而我们很快会发现：越是想赶走它们，它们对我们的"纠缠"似乎就越强烈。结果是我们一败涂地。

 **情绪探索与觉察**

1. 情绪的三原色

探究每种情绪后我们会发现它们的共同点：任何一种情绪都有三种基本的颜色基调，即"我所想的""我所做的"，以及"我所感受到的"。为了更好地理解，接下来我们需要花一些时间来了解情绪的三原色。

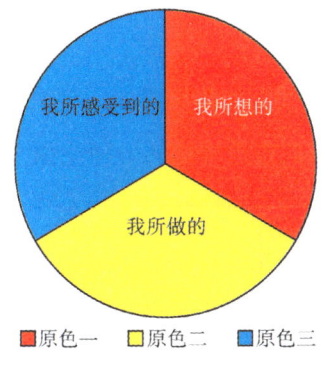

情绪三原色图

（1）原色一（红色）——我所想的

所谓"我所想的"，就是在面对情绪时，我们对当下情绪的一种认识和思考。比如：

当一个人感到苦恼无助的时候，他可能会想：

我总是这么笨。

我总是会把事情搞砸。

我怎么这么倒霉，一点儿希望都没有！

…………

当一个人面对成功的时候，他会很高兴，这时候他可能会想：

我就知道我可以做好这件事！

我真的很棒！

我解决问题的能力真的很强！

…………

当一个人因参加比赛感到焦虑的时候，他会想：

如果做不好，怎么办？

这个任务太难了，我怕自己完成不了！

如果能不参加比赛就好了！

…………

我们在觉察情绪的时候，如果能够花一些时间去认识情绪，并试着记录这些认识，将是带领我们走近情绪的一种绝佳方式。

（2）原色二（黄色）——我所做的

所谓"我所做的"，是指当我们在面对情绪时，总是会试图采取行动或有某种冲动的意愿去行动，我们把情绪状态下发生或将要发生的行为称为"我所做的"。前面我们提到过，情绪的存在最初是为了延续人类的生存，是对人类的一种保护。在这一功能的基础上，我们会发现，面对任何一种情绪，我们的身体似乎都知道应对的最佳方式是什么。下面，我们以悲伤、恐惧、焦虑为例，试着找到它们的原色二，并在相应的表述语句下面画横线。

悲伤的时候，我们会躲在安静的角落，哭泣，向他人求助。

恐惧的时候，我们会本能地躲闪，身体蜷缩，逃离。

焦虑的时候，我们会走来走去，看电影，吃零食。

正如你所标画的那样，哭泣、求助、躲闪、逃离、看电影、吃零食等行为都是原色二。

（3）原色三（蓝色）——我所感受到的

当情绪来临时，我们的身体会做出一系列的反应，而这一系列的反应都建立在每种感觉通道的基础之上，因此，我们将身体对情绪的一系列反应称为"我所感受到的"。接下来，让我们试着找出悲伤、恐惧、焦虑的原色三。

悲伤的时候，我们会感觉无力，四肢沉重，头晕。

恐惧的时候，我们会心跳加快，震颤，肌肉紧张。

焦虑的时候，我们会手心出汗，胃痛，尿频。

2. 情绪的觉察

当我们试着为情绪分解出三原色时，便进入了情绪的觉察阶段。实际上，情绪的觉察并不仅仅意味着关注情绪，也许你会觉得此时此刻你完全清楚自己处在怎样的情绪状态下，比如你知道自己是焦虑的、悲伤的，或者是失望的、愤怒的。也许你还会说，觉察情绪并不是问题的关键，关键在于这些情绪太难招架了，它们使你感到困惑不解，你没有精力再去关注困惑与难受之外的事情。甚至你会对自己说："就让它们自然而然地发生吧！"但是当你这样想的时候，你的情绪体验并没有停止，情绪的原色之间相互影响，不间断地产生着互动，而这种互动又为情绪增添了更为强烈的色彩。我们关注情绪的觉察是为了让处于情绪状态下的你走出三种原色之间的不良互动循环，尝试进入"非评判觉察"的境界。

所谓"非评判觉察"是指尽管情绪体验会给人带来不舒服的感觉，但我们还是要去感受它，接纳它，学会当体验发生的时候就由它自然发生，让对体验的反应自然出现，并自然消退，不去刻意努力让反应减弱或消失，不企图改变它们，不评判它们是好的还是坏的，也不回避它们。换句话说就是，我们要尝试着与情绪做朋友，并在与其相处的过程中承认它存在的意义，尊重它，不论优点还是缺点，都不用自己的看法（价值观）对它做出评判。当它来访时，花一些时间陪伴，可以什么都不说，什么也不做，只是安静地坐着，与情绪在一起。

或许你会说："难道要对情绪听之任之吗？"其实非评判觉察并不是逼迫你忍受焦虑或者其他让人不舒服的情绪，更不是"毫无怨言地接受一切"。我们运用非评判觉察的最重要的方式就是聚焦当下。所谓"当下"是指，当情绪来临时，不把过多的时间和精力放在过去和未来，而是让自己关注眼下，即关注情绪的原色三——我所感受到的。将情绪与身体迅速地建立连接，尝试与自己的感受在一起。如此刻想哭，那就哭一会儿；身体有些发抖，那就抖一会儿……不去克制、压抑自己的感受。

同学们，通过以上讲解，我们可以明确这样一个事实：人类生存受到威胁时，出于自我保护的本能，情绪被自然激发；每天情绪与我们如影随形，它像友人一样提醒我们哪儿有需要，何时停下来。此时此刻的你，也许还想离它更近一些，就让我们一起坐上情绪的列车，来一场说走就走的情绪旅行吧！

清晨睁开眼睛，耳边响起温馨的提醒："旅客们，我们的情绪之旅即将启程！你们准备好了吗？让我们一起出发，感受奇妙的情绪旅程吧！"

在被窝里伸伸懒腰，美妙的一天就要开始了。此时此刻，也许你的内心有很多期待。这时候的你，内心会感受到平静、放松，也许这是你最想要的状态了。此时你可以什么都不想，什么都不做，尽情地感受这样的放松和平静，并试着和你的放松、平静招招手，与它们打声招呼。与放松、平静待在一起，你会感觉头脑很清醒，身体的每一个部位都在苏醒，如果静下来，你甚至能听到自己平稳的心跳、呼吸，感受到血液在血管里流动的状态。尽情享受这份平静和美好，让我们充满能量地迎接下面的旅程。

6：30~7：30 接受恐惧的来访

也许你会困惑：恐惧这家伙来找我干吗呢？是有什么诉求吗？为什么会有这样的困惑呢？也许在你心里，"恐惧"依然是"毁灭"的代名词。由此，你会感到莫名的恐慌，甚至会感觉到自己心跳加速，想到接下来的会面，有那么一瞬间，你都能感觉到自己的心脏要停止跳动了。你不知道该把手放在哪里，不知道接下来是否要做点什么，甚至不知道如何与恐惧交谈。正在为此担忧时，你突然想到我们前面讲到的情绪的功能：情绪最开始的功能是保护我们的身体不受伤害，而恐惧便是来保护我们的。你正试图转变自己的想法，突然听到刺耳的汽车喇叭声。你猛然抬头一看，一辆小汽车正左右摇晃着向你开来，你不假思索地跳到了人行道上，远离了那辆开过来的汽车。当你确定自己已经很安全的时候，你发现，你的手还按着心脏的位置，甚至能感受到剧烈的心跳。你心里骂着那开车的司机，你觉得再也找不出这么没有素质的人了。是的，如果不是他，你不会有刚才的恐慌。可是，如果恐惧在这个时候没有来，又会发生什么呢？我们可以大胆设想，听到鸣笛声，你抬头看到小汽车飞速向你开过来，然后你对自己说："不管它，很安全的，它不敢撞到我，或者根本就撞不到我。"于是，你继续往前走……当然我们知道，在这个世界上，几乎不会发生这样的想象事件。你很清楚这样展开想象的目的是让自己看到如果恐惧不到来，就不会有危险意识，没有危险意识，便没法更好地保护自己，也没法更好地进行社会适应。

有了这样的认识，你真的太棒了！你不由得想回头抱抱恐惧，并真心地向它道谢，因为你知道是它在暗暗地保护你。接下来，很神奇的事情发生了。当你试着拥抱恐惧，试着对恐惧发自内心地表达感谢时，恐惧开口说话了："听到刚才的话，我真的很感动。这么长时间以来，你终于愿意和我做朋友了！"说完这些，恐惧挥一挥衣袖，离开了。它这一次的离开不是被赶走的，而是心满意足地离开了。看着它的身影，你发现：你和恐惧之间也可以友好相处。或许，朋友就是这样开始的吧！

7：30~8：30 认识恐惧

送走恐惧，你的内心逐渐趋于平静。在这种平静中，添加了与恐惧友好相处的美好。你想把这份美好留存起来，于是尝试着把这些写在日记里：

> 当有危险来临时，外在的声音、画面、气味等会向大脑发送信号，大脑接到信号后，负责情绪的神经系统会瞬间兴奋起来，它们筛选着各种信息。对于安全的信息，大脑会镇定地对你说："别怕！"对于危险的信息，大脑会告诉你："快跑！"哇，原来身体里蕴藏着这么多情绪的机密。最神奇的是，一直被我驱赶的恐惧原来可以成为我的朋友。当我们不再排斥，当我们相互拥抱、相互接纳时，突然发现，原来凶神恶煞的恐惧最初扮演的是我的"保护神"。

8：30~10：30 与焦虑大师会面

轻松送走了恐惧，你的内心终于不再恐慌，可对接下来的会面，你依

然不知道该怎么应付。"焦虑"，听上去就让人感到手足无措，它究竟长着怎样的三头六臂呢？它会用什么样的声音说话？你应该怎样应付它呢？你越想越担忧，越想越紧张。

突然，你听到有人叫你的名字，你浑浑噩噩地从座位上站起来，这是一种教室里的习惯性动作。然后，你听见老师说："把我刚才的话重复一遍！"老师刚才到底说了什么？你的大脑飞速旋转，却没有搜索到任何与上课相关的字眼，相反，"焦虑"充斥了你的全身。你支支吾吾，不知如何作答。迎着老师那不可思议的目光，你在同学们好奇的目光下战战兢兢地坐下。但这还不算，一向爱唠叨的数学老师发话了："有些同学，人坐在教室里，就是不知道心飞到哪儿去了。下课后到我办公室。"也许这是在学校最糟糕的体验了。接下来会发生什么，你已经全然不顾了，因为现在的你满脑子全是对未来（去老师办公室）的不确定。你发现，你的大脑像储存满格的内存条，再也装不下别的东西。

于是，两节课过去了，你却没有在课堂上收获到任何知识，课后的习题自然就不知如何下手了。于是，你开始反思：为什么刚开始不好好听课呢？为什么要想着那该死的焦虑？不，不对，当下我最要紧的是想想怎么和老师交流，比如向老师道歉，跟老师说实话坦白，或者其他什么更好的方法……

带着这些思考，你来到了老师的办公室，你坦诚地与老师交流，老师感受到了你的真诚，于是，你们结束了一场还算轻松的谈话。从老师办公室出来，云淡风轻，再回头看焦虑，它却已经离开了。可你居然有点后悔，后悔没有好好和它相处，甚至有些后悔对它恶语相向。你挠挠头对自己说："奇怪，为什么会有后悔的感觉？"原来，在你的内心深处，你是承认刚才是在焦虑的帮助下与老师交流的。焦虑让你认真面对未来的事情，让你想到了与老师交流的方法。如果没有焦虑，你也许不会重视未来的事情，自然也就不会思考解决问题的方法。想到这里，你真想把焦虑喊回来，对它说声"谢谢"。

10:30~11:00 理解焦虑

没来得及与焦虑说再见，是有些遗憾的。但你也不想错过这次的收获，于是，你迫不及待地在自己的日记中写下了下面的文字：

> 今天与焦虑面对面，我知道了原来焦虑是来提醒我更好地应对未来的。有了焦虑，未来才会被重视，而足够的重视会更有利于我解决问题。原来，焦虑也是我的好朋友。下一次，我一定主动和它打招呼，一定不会再对它恶语相向。

11:00~14:00 午饭及休息

上午的体验让人觉得有些疲惫，但比以往更开心，连续收获了两个好朋友，真的很期待接下来的会面。但要知道，你需要积蓄能量哦！

14:00~15:00 与悲伤小姐约会

温柔的闹铃声把你叫醒，你伸了个懒腰，看看表："哇，一会儿悲伤小姐要过来。"于是，你对着镜子整理衣冠，上午的经验告诉你，不能再戴着有色眼镜对待悲伤小姐。你想主动接纳它，可是还有些疑惑，一切都好好的，哪里有悲伤呢？于是，你托起腮帮耐心等待。你想象着与悲伤小姐的会面，想象着你用什么样的语气与它说话，嘴角开始泛起笑容。这时，你最好的朋友从外面走进来，仔细观察后你发现他的脸上挂着泪痕，拿着手机的他告诉你，他刚才接了一通电话，然后变成了这样。你想知道发生了什么，于是走向前关心地询问。好朋友告诉你，他的一个家人去世了，他现在很悲伤。这个人你再熟悉不过了，而且你很喜欢她。想到再也不能见到她，你不知如何表达自己当下的感受，但你明显感觉到强烈的失落感，你感到自己似乎没有了力气，你不能专注于任何事情，脑子里只剩下了她的音容笑貌。你再也无法想象与悲伤小姐的见面，你沉浸在自己的情绪里，任由失落蔓延，你渴望有人能抱抱你，安慰你，听你诉说，或者能自己一个人静一静。你闭上眼睛感受这种不舒服的感觉，突然，你意识到悲伤小

姐已经来了。于是，你试着用自己的身体感受，用每个细胞感受，你期待用这样的感受唤起与悲伤面对面的能量。悲伤让你想到了生命中重要的人和事。你决定把自己最重要的事情梳理出来，在以后的生活中，花更多的时间和精力来应对这些事情。你豁然开朗，原来悲伤小姐也在向你发出信号，它想让你把关注点缩小一些，让你花更多的时间和精力来关注重要的事情。你还意识到，悲伤的体验让你与更多的人接近，在被支持和安慰的氛围下构建属于自己的人际关系。原来，让人不舒服的悲伤情绪居然在我们的生活中发挥着这么重要的作用。

15:00~15:30 看到悲伤

看到悲伤的价值，你迫不及待地在日记本上记录了下面的文字：

> 有时我们能感受到悲伤，如果我们能积极地看待悲伤，看到悲伤是在提醒我们关注生活中更重要的事情，看到悲伤是在帮助我们与周围的人建立有力的情感联系……如果我们用这样的方式感受悲伤，体验会发生翻天覆地的转变。

15:30~16:30 与愤怒先生洽谈

有了前面的积极体验，你开始越来越有能量面对自己的情绪。你的身体也在悄悄地发生着变化，你高兴地试图与自己的身体说话，这时候同学B走过来，指着你说："心理有问题了吧？自言自语。"同学B是一个每天都找各种机会讽刺同学的人，于是你打算不去理睬他，可他偏偏还不放过你，他甚至毫不在乎地把你桌子上的书本碰掉。你不想再忍了，紧握着自己的拳头，心里默想着："如果你再说一句话，我就让你尝尝拳头的厉害！"你能感觉到自己的脸在发烫，心跳加快。现在，你不用等待愤怒先生，同学B已经把它推到你的门前，你也已经打开了门，把愤怒迎接了进去。

你不想再被这样对待，于是你对B说："听到你这样说，我心里难受极了！我不喜欢听到这样的话！"你把你的愤怒表达给了同学B，你真的太棒了，因为你不仅没有把拳头挥向他，还用合理的方式表达了自己的情绪。同学 B 听到你这样说，一定很惊讶，尽管他依然表现得不忿，但当你坚定地重复表达时，他一定能感觉到你传递的信息。于是，你想到了：原来愤怒也是值得去探索的，它是在帮助你向另一个人发出信号，希望他停止让你感到不满或不公正的行为。合理的语言表达一定也能让对方感受到你受到了不公正的对待，并且能够想办法调整自己的言行。由此可见，愤怒是在帮助你捍卫自己的权利，是来帮助你阻止来自一些人或某种环境的伤害。

16：30~17：00 接纳愤怒

愤怒常常使我们的身体颤抖，即便这样，它也不是专门来破坏我们身体平衡的。它是来帮助我们停止一些伤害或不公正的，是来帮助我们捍卫权利的。由此，我们也要学习与愤怒相处的方式，接纳它，拥抱它。

17：00~17：30 聚焦当下的情绪觉察

接下来，请闭上你的眼睛。当你关闭自己的感觉器官时，你的内心开始趋于平静。请尝试着慢慢调整自己的坐姿，选择一个让你感觉舒服的姿势坐好，你可以摘下眼镜、发卡和其他饰物，让自己的身体尽量放轻松。现在，请把注意力关注到自己身上，想象一下你所在的这个房间是什么样子的，房间里都有什么东西，家具是怎么摆放的。现在，想象你坐在房间中央，就坐在你现在的位置。感受你坐在椅子上的感觉，试着观察你身体的感受。你可以问问自己：此时此刻，我感受到了什么？观察此刻可能有的身体反应。请尽量让自己慢下来，允许自己观察身体的感觉。慢慢地，再将注意力集中到你的呼吸上，深深地吸一口气，然后慢慢地吐气。

请试着关注你正在进行的呼吸，此时此刻，用你的呼吸帮助你聚焦现在。请仔细体验空气进入你的身体又离开你的身体时，你身体的感觉。再一次吸气，然后慢慢地呼气。吸气的时候请尝试着把外面的阳光和一切美好的东西吸进体内，呼气的时候尝试着把身体的一切不愉快、不舒服、疲倦随着呼气全部排出体外。你能感受到自己的呼吸，呼吸一直伴随着你，

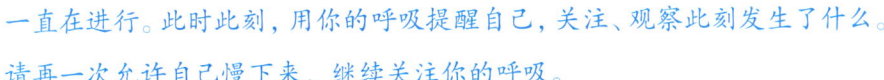

一直在进行。此时此刻，用你的呼吸提醒自己，关注、观察此刻发生了什么。请再一次允许自己慢下来，继续关注你的呼吸。

请继续调整你的呼吸，同时把注意力转向内部，关注你的思维。留意你的思维是怎样不断变化的，有时你这样想，有时你又不这样想。一些想法只是转瞬即逝，也有些想法会让你分心，这些想法可能很难摆脱。仅仅关注你在想什么。如果你觉得自己卷入了某个想法或者被某个想法带走，那么就接纳它，不要去评判，慢慢地让你的注意力回到对你此刻思维的观察上，用你的呼吸帮你聚焦当下。此时此刻，允许自己观察一会儿自己的思维，就像现在，看看它们是怎么来的，又是怎么走的。尽量慢一些，并留意这时身体发生的变化。

当观察到这些思维后，请试着转移注意力，探索你的感觉。情绪就好像思维一样，常常瞬息万变。有时你感受到了爱，有时又感受到了恨；有时觉得平静，有时又觉得紧张；有时觉得愉悦开心，有时又觉得悲伤难过；有时情绪波动很大，有时又很平缓；有时你知道它们是某个想法引起的，有时它们似乎是莫名其妙地到来的。无论怎样，你只要确定你此刻的感觉，不带评判地观察你的情绪，注意情绪的起伏。接下来，请让自己尽量慢一些，观察自己的情绪。

继续用你的呼吸帮助你聚焦当下，并试着记下你完整的体验——你的身体感觉到了什么？你有什么样的情绪体验？如果你注意到你正在努力用某些方式改变你的体验，那么请记录下来，适当引导自己让注意力返回到你的体验。努力让自己慢下来，留意此时此刻你的任何体验。

用你的呼吸聚焦当下，让你的注意力转移，关注周围发生了什么。注意房间的温度，留意房间内外的任何声音。接着，当你准备好后，试着让自己回到房间里。想象你坐在这个房间里，想象房间的样子，想象房间是怎样布置的。然后从 1 数到 3，当数到 3 的时候，尝试着睁开眼睛。

　　同学们，恭喜你完成了情绪之旅，相信旅途中的见闻一定会对你和情绪之间的友好相处有一些帮助。

练习与拓展

一、想一想

1. 在情绪旅程中，你遇到了哪些情绪？

_____

_____

_____

2. 你曾经怎样看待这些情绪？

_____

_____

_____

3. 当你用文中的方式与这些情绪相遇时，你有哪些新的发现和感受？

_____

_____

_____

二、为情绪找个家

　　课间操期间，同学子轩不小心踩了你的脚，看着白色运动鞋上的污点，你有些难过，同时也为子轩没有向你道歉而感到生气。请试着找一找，你生气来源于　　　　　　　　　　　　　　　　　　　　　　　　（　　　）

　　A. 同学子轩踩了你的脚

B. 白色运动鞋被弄脏了

C. 白色鞋子被弄脏了，同学子轩也不道歉，这种事情让你接受不了

三、寻找情绪三原色

1. 下课的时候，然然想和班里的同学一起玩，可不知为什么，女同学们都好像说好了似的避开她，孤立她。她感到很孤单，也有些难过，她想知道大家为什么会这样做。是自己做错了什么吗？可麻木的大脑沉沉的，似乎不听指挥。百思不得其解，无助的她回到教室，趴到桌子上哭了。

请试着说一说：

（1）然然的情绪是（　　　　　　　　）。

（2）请标画出然然的情绪三原色——"我所想的（红色）、我所做的（黄色）、我所感受到的（蓝色）"，将你的理解写到对应的颜色内。

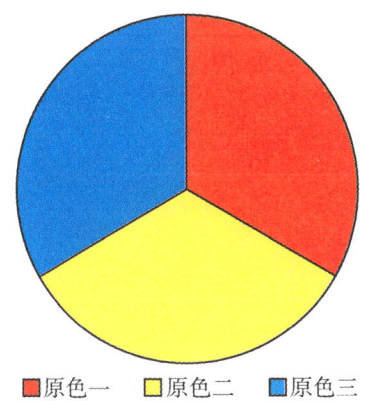

■原色一　■原色二　■原色三

2. 最近好友隐隐总是心不在焉，有时还会趴在桌子上偷偷哭泣，你想去关心她，但又不知如何去做。体育课自由活动时，隐隐向你说出了她的秘密——周末妈妈告诉她两件事情：妈妈和爸爸离婚了；有个叔叔在追求妈妈，他们要组建新家庭。隐隐说她不想让父母离婚，可她知道爸爸、妈妈之间的事情与她无关。她还说，妈妈要组建新的家庭，她不知道跟着妈妈生活该如何与那个叔叔相处。她有些怨恨那个叔叔，觉得是他搅乱了家里的生活。最近她一直胃

疼……隐隐跟你说了很多，你一直认真地听着。说完后，隐隐长长舒了一口气，说："谢谢你，兰兰，说出来心里舒服多了。"请根据隐隐的情绪，写出她的情绪三原色。

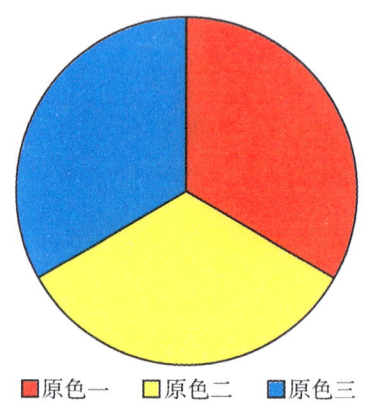

■原色一　□原色二　■原色三

情绪巧表达

亲爱的同学们，当翻到这一页时，也许你的好奇心会跳出来发出信号："什么是情绪的表达呢？想哭就哭，想笑就笑，害怕的时候就大叫，这是不是情绪的表达呢？"如果你真的有很多关于情绪表达的问题，那我要给你点个大大的"赞"！下面，就让我们一起推开情绪这扇大门，学习表达情绪的合理方式吧。

什么是情绪的表达？我们先从一个小故事《藏在心里的话》说起：

体育课结束后大家向教室走去，浩然兴高采烈地与同学们分享着今天的活动，可同学们没人理睬他。那一刻，他感觉好孤独。回到教室，浩然感觉受到了伤害，情绪低落，接下来的一天，他把自己封闭起来，一副闷闷不乐的样子。回家后，浩然在妈妈的劝说下讲出了一切。妈妈鼓励他试着把内心的话告诉朋友。在妈妈的支持下，浩然第二天向朋友们表达了自己无人理睬的失落感受。了解了浩然的感受，大家终于知道他情绪低落的原因，也告诉他因为急着准备下节课的材料才忽略了他。伙伴们和好如初了。浩然发现真诚表达自己的感受，困扰消失了，心情也释然了。

亲爱的同学们，当你感觉到委屈，感受到伤害时，你会像浩然最初那样，选择闷闷不乐地躲避吗？如果不是，你又会有怎样的选择呢？当对同伴们说出自己的感受时，浩然变得惊喜兴奋，你是否也拥有过类似的体验呢？故事中浩然选择把藏在心里的话说出来，实际上是在表达自己伤心、孤单等受冷落的情绪。通过这个故事我们也了解到：当听了妈妈的建议，把"藏在心里的话"表达给伙伴时，伙伴们进一步理解了浩然的闷闷不乐，横在浩然和伙伴之间的障碍被解除，友谊得以维系。接下来，让我们一起在故事的启发下，进入下面的环节，了解表达情绪的奥妙吧！

情绪的"消化道"

我们假设情绪也拥有一个类似人体的消化道。生活中，我们感受到外界的各种信息，从而经历着千变万化的情绪，这些情绪就像人体需要的营养一样，大部分被身体吸收并转化成能量，同时也剩余了少量的残渣，这些残渣就像肠胃中残留的垃圾一样，需要及时排出体外。将有益的能量合理释放，同时将残余的情绪垃圾设法排出体外的过程，我们称之为情绪表达。换句话说，情绪表达就是要帮助情绪寻找一个合适的出口，使身处

不同情绪状态下的人脱离不适状况。

在现实生活中，很少有人意识到情绪消化道的重要性，因而常使这个通道堵塞或者扭曲。为了更好地理解情绪表达，我们先来了解一些不健康的情绪表达方式。

1. 情绪拥堵器——压抑

有一些人在情绪到来时，总是采取压抑的方式，让自己一个人躲在安静的角落偷偷疗伤。这些人对于自己不能接受的情绪，会回避、抑制，会无意识地将它们包裹起来，将其压抑到他们无法意识到的水下，阻碍了情绪的释放。因为压抑暂时会起到自我保护的作用，所以我们很少有人能剥开其"有益"的外表，看到它有害的一面。但是，我们需要知道：压抑情绪并不代表情绪消失了，它只是由水面转移到了水下。压抑情绪实际上阻碍了自己与内心建立一个很好的连接。如果一味地否认、压抑情绪，不表达自己的情绪，最终便会失去感受情绪的能力，甚至变得麻木，无法意识到自己情绪的细微变化，也无法对别人的情绪做出恰当的反应。此外，被压抑的情绪累积在情绪消化道中，就成了情绪垃圾，堵塞了情绪表达的通道。时间久了，这些情绪垃圾便会威胁人的身体健康。有调查显示：长期压抑悲伤情绪的群体，容易患呼吸系统疾病；压抑愤怒情绪的群体容易患心血管疾病。此外，临床研究发现，经常压抑情绪的人，比善于表达情绪的人早亡的可能性至少高三分之一。

2. 情绪污染机——用情绪表达情绪

有一些人，当情绪来临时他们就变得不知所措，慌乱中为了让自己不受更多的伤害，他们会用更为激烈的情绪表达自己。这是一种怎样的方式呢？下面这些例子也许能让大家更好地理解。

一个人生气了，于是他把花瓶摔了，把电视机砸了，还推搡了身边的亲人；一个人很焦虑，他着急得不断地拍打自己的头，他把眼睛放大了，急切地寻找着周边人身上的缺点，以让自己好受起来；一个人被拒绝后很悲伤，他反复对爸爸妈妈说："你们都不爱我，我活着还有什么意思？"

这些方式有一些共同点：每个人都在自己强烈的情绪中不能自拔，都被强烈的情绪反应控制着，又选择了更强烈的情绪来表达自己的感受。他们把强烈的情绪带给周边的环境，尤其是周边亲近的人……这些都是在用情绪表达情绪。让我们通过故事《扎人的小刺猬》对"用情绪表达情绪"的方式进行更深入的了解吧。

扎人的小刺猬

昕昕是一名七年级的学生，她的学习成绩特别好。尽管每次考试她都能在班里排前几名，但同学们从来不选她做班干部，平时也很少有人找她玩。她的人缘很差，同学们私下叫她"扎人的小刺猬"。这个绰号是怎么来的呢？据她的同学描述，昕昕就像一颗不定时炸弹，随时都有可能爆炸。有时候，同学与她开玩笑，她忽然就冲开玩笑的同学发火，有时还会恼怒地摔东西。有一次，一个同学不小心把墨水洒在她身上了，她非常生气，还和同学吵了起来，非要同学赔她的裙子，同学不同意，她就坐在地上大哭起来，后来还是班主任出面调停了这件事。还有一次，她自己考得不好，

同学安慰她，约她出去玩，她却说同学瞧不起她，故意让她下不了台。总之，在同学们眼里，昕昕就像一只小刺猬，不知什么时候就会刺别人，让人亲近不得。昕昕也知道自己这样做不好，可她不知道自己错在哪里。有时她发火，或者做了不合时宜的事情，自己也很后悔，可是在当时的情境下，她却控制不住自己的冲动。

通过阅读我们会发现，昕昕属于典型的"用情绪表达情绪"的人。这样的表达方式使得我们无法认清自己的情绪，让情绪一点点变质，并不断蒙蔽我们的眼睛，导致我们与情绪间的误会越来越深。同时，也会使我们无法被他人了解，甚至还会阻碍他人对我们的感情付出。因此，用情绪表达情绪的方式只能让矛盾更尖锐，无法从根本上解决问题。如果问题得不到根本的解决，情绪依然没有寻找到合适的出口，就会继续淤积在体内，形成某种郁结。

通过对情绪表达的解读，你也许可以发现，恰当的情绪表达是在不伤害自己、他人和环境的情况下，对合适的人用适当的方式准确地表达自己的情绪。

 **情绪表达三原则**

1. 不伤害自己

情绪表达的最终目的是为情绪垃圾寻找一个出口，疏通情绪的消化通道，从而塑造一个健康的自我。因此，在选择情绪表达的方式时，我们需要考虑这些方式会不会给自己带来伤害。这里的伤害包括身体伤害和心理伤害两个层面。也就是说，如果遇到某种情绪，我们在表达它时身体会受到伤害，比如手、脚等会有明显的外伤或即便不受伤也会受到冲击；或

者有些人会用自我贬低、自我压抑、自我封闭等方式让自己的内心受到谴责……这些让身体或内心受伤的方式，我们称之为自我伤害的方式。需要注意的是，我们要把自我伤害的行为与保护自己的行为区分开来。生活中常见的表达情绪时伤害自己的行为有：

> 用头撞击桌子　吸烟、喝酒　拿拳头砸墙　打自己耳光
> 用脚踢凳子　自伤或自杀意图　咬手指　自我封闭
> 拒绝吃饭　压抑自己　自我贬低

2. 不伤害他人

前文我们提到，情绪表达是对合适的人用合理的方式表达。也就是说，当情绪来敲门时，我们需要考虑向哪些人如何表达情绪会更容易被理解接受。对于一个刚刚失去亲人、处于极度悲伤状态下的人，我们急着与他分享自己的愉快旅途显然不合适。而一旦遇到挫折和困扰就把怨气撒到别人身上，或者动辄武力解决的做法不仅没有很好地表达情绪，还会伤害我们和周围人的关系。

表达情绪时，下面这些行为有可能会对别人造成伤害：

* 小明上课迟到受到批评，回家拿妈妈出气，怪妈妈没有早一点儿叫他起床。

* 豆豆考试成绩不理想，还跟老师顶嘴，说老师出题太难太偏。

* 楠楠剪了个新发型，嘟嘟笑话她像扣了块西瓜皮，又羞又恼的楠

楠把嘟嘟推倒了。

　　* 小丽和妈妈发生冲突，她对妈妈说：“你根本就不爱我，我是不是你亲生的？”

　　* 萌萌与晓楠因小事正在互扔东西，王强上前劝阻调解，结果晓楠将矛头指向王强，说他就会当和事佬，没有立场，一把将他推倒。

3. 不破坏环境

　　合理的情绪表达不能影响环境。如果表达情绪时不顾及当时的环境，势必会给环境带来破坏。有哪些表达方式会给环境带来破坏呢？接下来我们就从故事《寻找出气筒》中感受一下。

寻找出气筒

　　洛洛是一名七年级的学生，他因脾气大出了名。在班级里，同学们都躲着他，大家都觉得他像炮仗一样，一点就着。稍有不顺心的时候，他就怪别人不好，要么骂人，要么摔东西。他在学校里值日的时候，地扫得不干净，就怪扫帚不好用，把扫帚甩得远远的，砸到墙上，洁白的墙壁上留下了污渍。晚餐后，爸爸妈妈提醒他写作业，把他的手机暂收了，他就开始闹情绪，摔门、拍桌子。同学们在教室里安静地上自习，他觉得字写得不好看，就开始撕本、摔笔、扔本子……洛洛总是这样，时间长了，班里的同学都不敢靠近他。

　　当洛洛表达情绪时，洁白的墙壁上留下污渍；晚餐后的和谐气氛被打破，书房一片狼藉；安静的教室里横七竖八地躺着被扔掉的笔和书本……显然，他在这样做时，并没有想过一番宣泄后该如何继续在被破坏的环境中生活、学习，而他周边的人又该如何忍受这糟糕的环境。因此，我们在表达情绪时，考虑"适宜的环境"是非常必要的。

 **情绪表达通道**

前面我们已经讲过，不表达情绪或用情绪表达情绪，会让身心产生某种郁结，因此合理表达情绪对我们来说非常重要。当我们能够及时、准确、适宜地把情绪表达出来时，情绪就不会成为长期困扰我们的难题，自然就不会有郁结存在。我们该怎样表达自己的情绪呢？首先，面对情绪我们要学会选择向谁表达。

1. 选择表达对象

对象一：自己

当情绪来临时，任何人都没有我们自己对情绪的体验深刻，因为别人对我们的理解是建立在猜测和假想的基础之上的，所以离我们最近的那个人一定是我们自己。也就是说，面对情绪，我们自己是最适宜的表达对象。那么，我们该怎么对自己表达情绪呢？我们对自己表达情绪，实际上是为了让我们自己意识到情绪的到来。我们可以尝试着记录情绪状态下的反应，然后反复问自己："我怎么了？"也可以与自己的身体联系起来，感受一下当拥有某种情绪时，身体的哪个部位会有感觉。然后试着告诉自己，在某个时间、某个地方，由于某件事，自己体验到了某种情绪。然后反复地问自己："情绪来了，我的体验是什么呢？"假如是一种生气的情绪，也许你根本没法用缓和的语气和自己或他人交流，这个时候你可以找出一张白纸、一支笔，然后拿着笔在白纸上随意地涂画，你也可以更用力一些，一边画一边告诉自己："现在我很生气。"反复地说，反复地画，你会发

现当生气被表达出来时，你替生气找到了一个恰当的出口。这样的表达既不会伤害别人，也不会伤害自己。

对象二：周围的人

也许在某些情境下，对自己表达情绪并不合适，或者你根本无法帮情绪找到一个很好的出口。这时我们可以考虑向他人表达自己的情绪。比如你和好朋友约好了一起去玩，你等了好友很久，他却突然打电话告诉你他不想去了。此时的你有些难过，但你却不知道如何向自己表达这种难过的情绪。所以，你可以试着向好友说出下面的话——"刚才你打电话说不来了，我有些难过！""我有些失落！"你也可以向第三个人表达自己的情绪，如"不能和某某出去玩，我有些失落"。当你告诉他人自己的情绪时，一定要坚信：如果感到难过可以让自己难过，如果感到失落也可以让自己失落。因为我们不敢保证倾听你表达的那个人是否会帮助你接纳自己的情绪，如果不能，一定记得，你自己能。

对象三：专业人员

也许某件事情对你的打击太大，你自己和周围的亲戚朋友都无法帮助你，但即便这样，也请你不要气馁，因为还有另外一些人正等着你，他们会随时向你出租耳朵，倾听和理解你的情绪。所以，即使你觉得很艰难也请不要放弃，可以向专业的心理咨询师寻求帮助。当前，越来越多的中小学都配有心理教师，或许你可以先向你的心理老师寻求帮助。

2. 疏通感受通道

我们了解了什么是情绪表达、情绪表达的原则和对象后，接下来就需要知道用哪些方式进行合理的情绪表达。当我们试图用语言表达情绪时，要谨记情绪表达的三原则，避免给自己、他人和环境带来不必要的伤害。为了保证情绪表达的合理性，我们需要掌握情绪表达的黄金法则——描述事实，谈感受，不评论。表达感受对解决问题有怎样的魔力呢？下面我们以生活中常见的情境为例来探究一下：

当你发微信的时候发现刚买的手机黑屏了。下面 A、B 两种表达中，哪种让你感觉舒服些？

A."你按了什么键吗？摔过吗？掉到水里过吗？"

B."手机黑屏了，你一定很着急吧？我的手机死机了，吓得我以为刚保存的图片没了！"

请问：你的选择是 _____

相信选择 B 的同学会更多一些吧？因为 B 项是在理解的基础上，替对方说出了感受；而 A 项的表达则让我们感受到指责、审讯等。既然表达感受这么重要，接下来我们可以尝试更多地去表达自己的感受，并体会这种表达方式对自己和他人产生的影响。

(1) 认识感受。当我们听到"表达感受"的建议时也许会困惑，到底什么是感受呢？让我们先来做一个小实验。

首先，请你找一个合适的位置站好或坐好，然后抬起你的左腿，保证左脚离地面有一定的距离，坚持 1~2 分钟，把脚放下，并记录你身体的感受（如果你不知道如何描述这种感受，可从下方括号中选择词语）：

_____

【酸痛、沉重、麻木、摇晃、紧绷、出汗、虚弱】

请继续回到合适的位置，让身体稍作休息。想象现在你的面前摆放着一个脐橙、一把铁锁和一个布偶玩具，接下来请调动你的感觉器官对接触这些物品的记忆，尽可能多地说出你的感觉（如果你不知道如何描述这种感受，可从下方括号中选择词语）：_____

【酸、甜、凉、冰冷、温暖、香】

接下来，请继续站或坐在你认为合适的位置，保持半小时或者更长的

时间不动。这期间你什么也不做，只是把自己固定在一个位置，不随意走动，不与人交流。接下来请描述一下你的感受（如果你不知道如何描述这种感受，可从下方括号中选择词语）：＿＿＿＿＿＿＿＿＿＿＿＿

【疲惫、厌倦、焦躁、迷惑、兴奋】

在刚才的小实验中，我们找到了很多描述感受的词语，同时也惊喜地发现这些感受离我们的身体是那么近。遗憾的是，我们却总是忽略这些感受。当我们饥饿的时候，我们会说："烦死了……"；当我们疲惫的时候，我们会说："我讨厌这种忙碌的日子……"；当我们渴望温暖和支持的时候，我们又说："随便你怎么做，反正我不在乎……"为什么感受与我们的身体那么近，我们却容易忽略它？让我们看看《非暴力沟通》的作者马歇尔·卢森堡是如何说的——

感受的根源在于我们自身。我们的需要和期待，以及对他人言行的看法，导致了我们的感受。听到不想听的话时，一般我们会有四种选择：

选择	举例	结果
第一种：认为自己犯了错	"如果我刚才不这样……会……"	内疚、惭愧、厌恶自己
第二种：认为是别人的错	"你太自私了……"	生气、指责他人、愤怒
第三种：了解自己的感受和需要	"我需要支持……"	信任、接纳
第四种：了解他人的感受和需要	"原来她只是想倾诉……"	体贴和支持

了解了以上四种不同的选择和结果，我们渐渐明白了：能够合理表达情绪的人，会很清晰地了解自己的感受和需要，也愿意去了解他人的感受和需要。

此外，清晰地认识感受还需要做到区分感受和评论。在马歇尔·卢森堡提到的四种选择中，前两种选择之后的表达很容易成为评论。我们知道感受是真实的，我们在用眼睛看、耳朵听、手触摸等真实的观察之后才能找到感受。而评论不是这样的，它缺乏事实依据，用评论表达的人把推测和假设当成了事实。换句话说，运用评论表达的人生活在自己创造的理想世界里，而不是我们直接感知到的世界中。接下来我们用一个小事例来进一步理解感受和评论。

> 课下豆豆在给晶晶讲数学题，连续讲了好多遍，晶晶就是无法理解，豆豆很着急，她不知道该怎么讲晶晶才能明白，她觉得晶晶实在是太笨了。于是，她对晶晶说："哎呀，你怎么这么笨！我该怎么说你才能明白？"听到豆豆这样说，晶晶很气馁。她也不知道自己为什么这么笨，怎么就是听不懂。

豆豆是想向晶晶表达自己着急的情绪，但是她用了评论性的语言，给晶晶扣了顶"笨"的帽子。现在，我们想一想，如果是表达感受该怎么说呢？我们前面提到过，感受是建立在真实感觉的基础之上的，在豆豆和晶晶的交流中，很明显晶晶并没有完全理解豆豆的意思，或者豆豆说的话晶晶并没有听懂，甚至我们还可以想象当时的情境，一道题讲了好多遍，也许她们两个都有点累了。所以豆豆不妨这样说——"我担心刚才说的话你并没有听明白"，或者"我也有点累了，越讲越着急，咱们稍微休息一下，再换一种方法试试看能不能帮你理解得更好"。

（2）感受表达红绿灯

以生气这个情绪为例，在表达感受的时候，我们要遵循"情绪红绿灯"的规则：

红灯：当一个人惹我们生气的时候，我们大多会这样想："气死我了，简直不可理喻，太不像话了，非要出这口恶气，我要告诉他我不是好惹的！"如果这样想，我们便是在用情绪表达情绪，我们的表达就亮起了红灯。如果这时不停下来，势必会伤害我们自己和别人。

黄灯：我们在生气的时候，也有可能会想："他这样做简直太过分了，总是这样不考虑别人的感受，太自私了。"当我们这样想时就是在对他人的行为作出评论，没有合理地传递出对他人的期待。但是，这样的试图改变会让对方感受到被侵犯，从而拉开你们之间的距离，不利于问题的解决。我们知道我们无法改变任何人，我们能做的只是尽量准确地表达自己的情绪和感受，并向他人传递合理的需要。

绿灯：如果别人做了让我们生气的事，让他知道这样做我们很生气是最终的目的，也是解决问题的正确方向。同时我们要考虑怎样说才能更快更有效地让别人意识到他给我们带来的影响。既然我们是在表达自己的感受，不妨尝试着用第一人称"我"开头。在表达的时候，尽量描述事实，不说评论性的语言。如果此刻真的很生气，不知道怎么表达，就让自己停下来。给自己一些时间，把情绪的水位降低一些，然后组织语言。比如我们可以说："刚才咱俩讨论问题的时候，我觉得很伤心，因为我听到你说我笨。"

如何表达感受？

（1）用第一人称"我"

（2）描述事实

（3）避免主观判断

（4）停下来，留一些思考的时间

3. 情绪表达三部曲

在表达情绪时，我们可以试着按照真实的观察—了解感受和需要—表达感受和需要三个步骤进行。

步骤一：真实的观察

在巧妙地表达情绪之前，我们需要客观地说出刚才发生了什么，也就是说我们需要具备"描述事实"的能力。这一能力要求我们只尊重刚才真正发生了什么，比如我们用眼睛看到了什么，用耳朵听到了什么，触摸到了什么，闻到了什么味道等。描述事实的另一个要求是，对于观察到的现象不要有任何思维和想象的加工。接下来我们尝试着观察下面的情境，并用语言"描述事实"。

例1：课间时，你在进入教室的瞬间发现同学小明把你的语文书碰掉在地上，地上恰好有一摊水，很明显书湿了，小明环顾左右，慌张地把书捡起来随便放在你的桌子上。

请试着描述事实：

你看到了：＿＿＿＿＿＿＿＿＿＿＿＿＿＿＿＿＿＿＿＿＿＿＿

例2：早上你进教室的时候，同学们都在讨论昨天的拔河比赛，这时你听到有同学提到了你，同学是这样说的："都怪小雨，细胳膊细腿，一点儿劲儿也没有。如果换一个同学，这次我们班准能拿第一。"（假设你就是小雨）

请试着描述事实：

你听到了：_____

例 3：体育课上，你不小心踩了小鹏一脚，他不听你解释，就把你推倒了。

请试着描述事实：

你感受到了：_____

步骤二：了解感受和需要

通过前面的阅读我们已经知道：感受源自我们的身体。需要也是如此：如果我们渴了，便会产生喝水的需要；如果我们饿了，便会产生吃东西的需要；如果我们困了，便会产生睡觉的需要……在很多时候，我们的情绪都是因为合理的需要未能得到满足造成的。因此，了解需要和走近感受一样重要。我们的需要有哪些呢？

根据著名心理学家马斯洛的需要层次论，为了更好地了解内在需要和感受，下面列出了每种层次背后的具体需要。

生理需要：
空气、水、睡眠、食物、休息、灯光、阳光、锻炼、活动、健康、营养、排泄、能量、空间、热量……

安全需要：
房屋、拥抱、保护、纪律、秩序、规则……

社交需要：
友谊、亲情、归属、信任、关心、交流、爱……

尊重需要：
倾听、支持、认同、承认、欣赏、接纳……

自我实现需要：
创造性、梦想、价值、智慧……

以上五个需要层次的内容同学们还可以在省略号后继续列出。

步骤三：表达感受和需要

有时候，我们会遗憾地说："我也不知道为什么，明明不是想表达这样的意思，却又很难控制自己，每次遇到事情总会脱口而出。"是的，我们不知道为什么，但有一点可以肯定，当我们这样做时，别人很难真正了解我们的真实需要和感受。当我们知道感受源于身体，感受离我们这么近之后，就可以尝试着慢慢地回到"感受"的身边，认真地了解自己的每一种感受，并学着去表达它们。那么我们该如何表达自己的感受呢？就先从

为自己建立表达感受的词汇表开始吧！马歇尔·卢森堡博士在《非暴力沟通》中为我们罗列了非常详细的表达感受的词汇：

> 需要得到满足时：高兴、快乐、幸福、欣慰、陶醉、开心、振奋、振作、自信、乐观、感动、感激、喜悦、欣喜、甜蜜、兴高采烈、喜出望外、手舞足蹈、温暖、安全、放心、无忧无虑、舒适、自由自在、放松
>
> 需要没有得到满足时：害怕、担忧、焦虑、着急、恐慌、紧张、心神不宁、心烦意乱、忧伤、沮丧、灰心丧气、泄气、绝望、凄凉、悲伤、恼怒、失望、震惊、困惑、疲惫不堪、昏昏欲睡、尴尬、内疚、遗憾、不舒服

接下来我们就需要尝试表达自己的感受了。让我们一起回到步骤一"真实的观察"中，请大家尝试着在三个实例中表达自己的感受和需要。

例 1：课间时，你在进入教室的瞬间发现同学小明把你的语文书碰掉在地上，地上恰好有一摊水，很明显书湿了，小明环顾左右，慌张地把书捡起来随便放在你的桌子上。

请试着表达感受和需要：＿＿＿＿＿＿＿＿＿＿＿＿＿＿＿＿

例 2：早上你进教室的时候，同学们都在讨论昨天的拔河比赛，这时你听到有同学提到了你，同学是这样说的："都怪小雨，细胳膊细腿，一点儿劲儿也没有。如果换一个同学，这次我们班准能拿第一。"（假设你

就是小雨）

请试着表达感受和需要：_____

例 3：体育课上，你不小心踩了小鹏一脚，他不听你解释，就把你推倒了。

请试着表达感受和需要：_____

练习与拓展

一、识别感受

请从下列词语中找出表达感受的词语，并在其下面画横线。

被遗弃　困倦　孤独　激怒　寒冷　懦弱　眩晕　受虐待　后悔

急躁　被拒绝　失望　伤心　惊吓　内疚　勇敢　尴尬　疲惫

无方向　恶心　虚伪　虚弱　嫉妒　愚弄　威胁

二、表达感受和需要

举例：

小明哭着对你说："在公交车上，司机对我大吼，我真想上前和他争吵！"

小明表达感受和需要：当公交车司机对我大吼时，我感觉很尴尬，也很伤心。真希望能被以礼相待。

1.同桌说："如果小鹏再敢欺负我，我就去打他。"

同桌表达感受和需要：_____

2. 好朋友小丽趴在桌子上说："就下了一点小雨，老师就把校外活动取消了，简直太气人了。"

小丽表达感受和需要：_____

3. 依依说："周六是天天的生日，他邀请我参加生日派对，我不知道该不该去。"

依依表达感受和需要：_____

4. 同桌说："周末到了，真想彻底放松一下，可是为什么还有那么多作业？！"

同桌表达感受和需要：_____

5. 宁宁说："今天的篮球比赛，我一个球都没投中。"

宁宁表达感受和需要：_____

三、情景剧表演

根据给出的情景表演心理剧，尽可能多地讨论主人公有可能出现的各种情绪，并在表演时用表情、动作、语言表达这种情绪。有条件的话，可以创编多个情景剧，最后比较哪种表达最符合情绪表达三原则，哪种表达是在表达感受。总之，找出你认为最可行的情绪表达方法。

情景1：下课铃响后，同学们飞奔向食堂，在人山人海的食堂里，你排在队伍后面。终于轮到你打饭了，当你从食堂师傅手中小心翼翼地接过饭盒时，旁边的同学突然一抬手把你的饭盒打掉了，这时的你会感受到怎样的情绪？你又会如何表达自己的情绪？请尝试着与团队伙伴一起自编自导自演。

步骤一　真实的观察：我看到了 _____

步骤二　了解自己的感受和需要：

我的感受是 _____

我的需要是 _____

步骤三　表达自己的感受和需要：

步骤四　演绎情景剧，选出最适宜的情绪表达方式。

情景 2：下课前，老师把上次测试的卷子发了。打开卷子，你发现自己才刚刚及格，这时同桌把你的试卷抢走，一边看一边大声地说："啊，你才考了65 分？你是什么脑子啊？"听到他这样说，你不知所措⋯⋯

这时的你会感受到怎样的情绪？你又会如何表达自己的情绪？请尝试着与伙伴一起自编自导自演。

步骤一　真实的观察：我看到了 _____

步骤二　了解自己的感受和需要：

我的感受是 _____

我的需要是 _____

步骤三　表达自己的感受和需要：

步骤四　演绎情景剧，选出最适宜的情绪表达方式。

情绪我关切

　　亲爱的同学们，想必此时你对情绪已经有所了解，并在生活中积极地练习着如何觉察、表达和调节自己的情绪。那么，你是否也能敏感地注意到他人的情绪呢？你知道怎样对他人的情绪做出恰当的回应吗？

　　在公园的长椅上，一位老人沉浸在失去相伴多年的妻子的悲伤中，正呜呜地哭泣。这时一个男孩碰巧路过，看到了正在伤心哭泣的老人。他跑过去，握住老人的手，静静地坐在老人身边。奇怪的事情发生了：过了一会儿，老人慢慢停止了啜泣，情绪也稳定了。观察到这一幕的男孩的妈妈觉得很惊奇，就问他是怎么做到的，男孩回答说："我感觉到爷爷心里的悲伤和孤单，我没对他说什么，就是想坐在他身边陪着他。"

　　这个小男孩不是在用语言和老人交流，而是在用他的心与老人交流。

他懂老人的悲伤，知道老人此刻需要的只是陪伴和支持。他用行动表达了对老人深深的理解。

人们常说"理解万岁"，人人都渴望被理解，但却很少有人主动去理解别人。要和他人建立和谐的关系，首先我们要去关心和理解别人的感受，学会共情。

什么是共情

共情，也称为"同理心"，最早由人本主义心理学大师卡尔·罗杰斯提出，是指一种能设身处地体验他人处境，感受和理解他人情感的态度和能力。共情是社会交往中的一种重要能力，也是情商的重要组成部分。

共情有四大特质：接收对方的想法；不给予评价和批评；了解对方的情绪，将心比心；沟通。

共情发生在人际交往中，是一个真诚倾听、了解并对他人感觉产生共鸣的过程。如果没有共情，就意味着每个人都只在关注自己，极度自我，对别人完全不感兴趣。在这种情况下，每个人都自说自话，不可能产生任何真实的互动关系，就像下面的对话。

A："噢，天气真是太好了！"

B："阴沉沉的，好什么好，太阳在哪儿呢？"

A："和出太阳一点儿关系都没有，我心情好天气就好！"

B："啊？你怎么这样？你也太不客观了吧！"

同学们读后会哑然失笑吧。然而现实生活中这样的情形很多，每个人都忙于表达自己，对别人却漠不关心。

1. 共情是美德的来源

共情是美德的来源，是利他助人行为的情感基础，能促使人们产生爱的行动，让世界变得更美好。

毫无争议获得诺贝尔和平奖的特蕾莎修女在 12 岁时就立下了帮助穷人的志向。她说：

我们以为贫穷就是饥饿、衣不蔽体和没有房屋；然而最大的贫穷却是不被需要、没有爱和不被关心。……物质的丰富，无法掩盖精神的贫穷；光鲜的外表，无法隐藏心灵的虚空；社会的进步，无法修饰爱心的冷漠。

从这段话中我们能了解到她对穷人的痛苦感同身受。

马丁·路德·金是为黑人谋求平等权利的美国民权运动领袖，他说：

一百年后的今天，在种族隔离的镣铐和种族歧视的枷锁下，黑人的生活备受压榨；一百年后的今天，黑人仍生活在物质充裕的海洋中一个穷困的孤岛上；一百年后的今天，黑人仍然蜷缩在美国社会的角落里，并且，意识到自己是故土家园中的流亡者。

…………

我梦想有一天，在佐治亚的红山上，昔日奴隶的儿子将能够和昔日奴隶主的儿子坐在一起，共叙兄弟情谊。

我梦想有一天，甚至连密西西比州这个正义匿迹、压迫成风的地方，也将变成自由和正义的绿洲。

我梦想有一天，我的四个孩子将在一个不是以他们的肤色，而是以他们的品格优劣来评价他们的国度里生活。

我今天有一个梦想。

我梦想有一天，亚拉巴马州能够有所转变，尽管该州州长现在仍然满口异议，反对联邦法令，但有朝一日，那里的黑人男孩和女孩将能与白人男孩和女孩情同骨肉，携手并进。

（资料来源：马丁·路德·金：《我有一个梦想》，中央编译出版社2001年版，有改动）

这些话有没有激发起你的情感共鸣呢？对于种族隔离和压迫，马丁·路德·金既有他自己的切肤之痛，还藏着千万黑人的伤痛。

再来看看我们的动物朋友。老鼠为了不让同伴遭受电击痛苦，宁愿自己饿肚子也不会频繁按下电击开关；海豚会搭救落海的人类。一砖一瓦皆是史，一草一木总关情。人类不是生活在真空中，怎能对大自然的悲鸣、对动物的苦痛视若无睹？

人们越来越认识到共情的珍贵价值。建立良好的人际关系，达成民族、种族或地区、国家之间的和平，推动社会进步，都脱离不了共情。

如果没有能力体验他人的痛苦、焦虑、悲伤、恐惧等情绪，我们又怎能抛弃自私的动机去帮助他人或避免伤害他人呢？通过训练来提高共情能力，还是减少冷漠、避免校园暴力和预防犯罪的有效办法之一。

2. 共情与同情

亲爱的同学，请你想一想，当你难过的时候，你更期待别人对你的同情还是别人对你的理解和共情呢？答案一定是后者吧。那么，究竟共情和同情有什么不同呢？同情是对于他人的遭遇或行为在感情上发生共鸣。换句话说是觉得对方很可怜，包含有对他人的负面评价。恰恰是这一点，让被同情的人觉得自己不被尊重，自我价值感降低。人们出于一种要维护自我形象的心理，往往会拒绝接受别人的同情。

共情是设身处地地体会他人的内心感受，站在他人的立场上去感受、

理解。共情的表达是描述自己对他人感受的理解，不包含任何评价，比同情程度更深，在人际关系中发挥的作用也更大。共情意味着我们对别人是真正关注和感兴趣的。例如，当听到他人遭遇不幸时，有同情心的人会说："我真的替你感到难过。"但是能共情的人却会说："我也遇到过这样的事，我知道这是什么样的感觉。"从效果来看，共情有助于建立人与人心理上的连接，拉近人与人之间的距离；同情则会使人们关系疏离，感到心灰意冷。

接下来，让我们通过一组漫画来更细致地体会共情和同情的不同吧。

如果你的一个朋友感觉很糟糕，你可以怎样运用共情而不是同情去尝试着陪伴他、帮帮他呢？

他遇到一件很难办的事情，感觉很糟糕，就像头顶被一朵乌云笼罩，还在下着雨，他陷在里面，感觉一片漆黑。他不停地想："我觉得我透不过气来，我觉得我要被淹死了，我该怎么办？谁来救救我！"

如果这时你的同情心跳出来了，那你就会对他说："哎，我的朋友，你怎么那么倒霉，你太不走运了，真的太可怜了，呜呜呜……"

你还试着分散他的注意力，给他一个不相关的建议说："别想这件事了，生活多美好啊，我陪你去看一场电影，再去吃点儿好吃的。

最近上映了一部搞笑片，肯定能让你高兴起来……"表达同情、分散注意力、提建议的你都在努力想要帮助朋友，但共情告诉你，这些都不能真正帮到你感到难过的朋友。他还是觉得伤心、孤单和无助。

作为他的朋友，这时你想要表达你真的设身处地地理解他的感受，你会对他说："你感觉很难过，你觉得没有任何希望，感觉就要窒息，不知道能做什么，期待有人能帮帮你。我知道你的感受，我一直在你身边。"

只有真正理解他的感受并表达出来，你才能和他的内心建立起真实的连接，他才感觉到被陪伴。如果他的情绪可以流淌出来，他自然就会感觉好起来。

正如现实生活中，当别人向我们倾诉一些糟糕的事情时，我们常常会去安慰对方，劝他们要积极地看待，就好像他们不应该有消极的情绪感受似的。例如：

A：跳绳比赛我发挥得不好，我运气怎么这么差。

B：你不要这么想，没事儿，重在参与嘛！

A：我和好朋友吵架了。

B：至少你有过好朋友！

A：我被罚了。

B：至少老师很重视你。

　　当谈话内容涉及一些比较消极或者挑战的话题时，我们经常希望气氛可以很快变得轻松起来。然而，你是否也有这样的感受？当你向别人倾诉难过的事情时，你更愿意别人对你说："我真的不知道现在可以说什么，但我很愿意在这里听你说。"我们的感受需要得到认可和理解，特别是那些消极的感受。当感受被他人理解和认可时，我们就会感觉好一些。当我们和他人在感受的层面上相互理解和交流的时候，我们和他人之间就建立起了心理层面的连接。换句话说，就是拉近了彼此的心理距离。

　　实际上，只有感受到人与人之间真实的内在的连接才能真正帮助到我们所关心的人，而这反过来也会令我们自己感觉不错。所以无论何时，请记住：表达你的共情，而不是同情。

 ## 共情的方法

　　请同学们先看一看一个班长的困惑：

　　八年级时我通过竞选当了班长，想锻炼锻炼自己，也想实实在在地为同学们服务。我本来觉得当个班长没什么的，不就是干活吗？可万万没想

到事实却远非如此。作为班长，我经常要在班里传达学校布置的任务或要求，每当这时，同学们不但不认真听我说，还在下面使劲起哄。我在前面感觉特别尴尬，心里也非常难受。我觉得不管他们愿不愿意、喜不喜欢这些任务要求，最起码也要给我基本的尊重，让我说完吧！收作业也是一个巨大的挑战，我真的不希望耽误老师批改大家作业的时间，可提醒同学们及时交作业时，他们却很不耐烦，有时还冲我急，甚至骂我。我招谁惹谁了？我付出自己的时间真心为大家服务，为班级做贡献，可得到了什么？好几次我真想撂挑子不干了，太憋屈了。

你在和同学的互动中，是否也经常有像这位班长这样不被理解的感觉？但是换个角度，你能经常做到关心和理解别人吗？

生活中类似下面这样的情境就经常出现：

小木：气死我了，这个小天，我真想给他一巴掌！

小方：啊？打人可不好，到底怎么了？为什么呢？

小木：这个家伙居然把我的英语书扔到地上！

小方：小天不会这样吧？是不是你先招惹的他？！

小木：什么啊，我可没有招惹他！我好好的，什么都没做！

小方：不会吧？你好好想想，真的没有吗？

小木：真的！我发誓，今天我根本就没有和他打什么交道！

小方：这样啊。你看你，你也别太小心眼儿了，小天和咱们可都是好朋友。你自己招惹别人的时候还少吗？你听我的，大家都是朋友，一点儿小事而已，你别跟他计较，也别生气了。

小木：你怎么能这样说？我没有小心眼儿。你就知道帮他说话，真的是他先动手的……算了，我不说了。

请你换位思考一下，如果你是小木，当小方叫你别生气并且给你提建议时，你的感受是什么？你喜欢小方这样的交流方式吗？如果你是小方，你会怎样对小木说？

也许你已经意识到了，生活中互相不能理解的情形很常见，很多人都不知道如何对别人表达共情，而是急着给对方评价或建议，要不就是急于表现自己。事实是，当你和对方没有因为倾听、理解和共鸣传达出爱与尊重时，双方在心理上的距离没有拉近，心理上的连接暂未建立，你的任何建议对方都是听不进去的。利用倾听和共情，建立起心理上的关系，这是真正意义上的互动产生的前提。

共情能力是可以通过学习和练习提高的。它是一种关心与爱的艺术，是高情商的表现。同学们一定迫不及待地想知道如何训练共情了吧！

共情是一种认同他人体验的态度，只有两个人彼此倾听，并且对彼此的感觉产生共鸣，才能产生共情。

人类天生就具备共情的能力。当新生婴儿听到其他宝宝的哭声时，也会做出跟着一起哭的反应；两三岁大的幼儿看到一起玩耍的小伙伴不开心时，会把自己的玩具或食物拿给他们，用实际行动来表达安慰和关心。

我们现在需要做的，就是恢复、开发和培育这种能力。

共情包括三个过程：其一，愿意倾听他人而且真的在倾听他人；其二，不只是在倾听对方说的内容，而且能体会到对方的感受并产生共鸣；其三，通过恰当的反应向对方表达自己确实理解对方的意思和感受。

表达共情可以分为四个主要步骤：

步骤一：觉察自己的感受；

步骤二：理解对方的感受；

步骤三：表达自己的感受；

步骤四：体谅地表达出对他人感受的理解。

基于共情的特质、过程和步骤，下面给大家三个提高共情能力的建议。

1. 向身边的榜样学习

第二次世界大战期间，有一名日本外交官为犹太人开出了几千张出境签证，他就是日本驻立陶宛代领事杉原千亩。明知帮助犹太人会毁了自己热爱的外交官的职业生涯，甚至给自己带来生命危险，他为什么还做出如此的决定呢？原来，这与他的成长经历密切相关。童年的他亲眼目睹了父母的各种善行，例如真诚地帮助陌生人，为他们慷慨地提供食物和庇护所。这使杉原千亩对生命的理解更加深刻，更能体会他人的苦难，将更多人纳入"我们"的概念。而且，杉原千亩曾与一名犹太少年成了朋友，也和他的家庭有很多往来。从对好朋友和朋友家人的共情出发，杉原千亩选择了一如既往地帮助更多的处境相似的犹太人。

杉原千亩童年时期对父母善行的观察和认同，培育了他的共情能力。长大后的他无法对他人的苦难视若无睹，做出了超越国界的、伟大的善举。同学们也可以留心观察父母亲人、老师同学，甚至陌生人无私帮助他人的行为，了解一些相关的报道，体会这些道德行为背后的美好的情感共鸣。

2. 多觉察自己的情绪

培养共情的关键是对他人情绪感受的理解和表达。如果你对自己的情绪感受都一无所知或很少觉察，那么又如何能去体会别人的感受呢？因此，提高共情能力的第二个建议就是多觉察你自己的情绪。

最主要、最好的方法就是多注意自己的身体，识别自己真实的感受。本书前面已经阐述了各种情绪都伴随着相应的生理反应，留心自己真实的身体感受能帮助我们及时、细致地觉察自己的各种情绪。

3. 练习共情的表达

表达对他人的理解有四个层次：

第一层次：漠视对方表达的内容和感受。

第二层次：说出对方表达的内容，对感受却视而不见。

第三层次：接收到对方呈现的内容和感受。

第四层次：超越对方所给的信息，所做的回应能帮助对方更加澄清自己深层的感受和想法。

属于第四层次的聆听者对分享者的感受了解得甚至比分享者自己还要深入。

举例说明：

分享者："怎么办啊？我完全没有找到学习的感觉。这学期已经过了两个月了，我真的很努力，也一直在对自己说'加油'，但是一点儿进步都没有，感觉什么都没学会。这两个月完全被浪费了。唉！"

第一层次："哎哟！今天真的很开心哦！你知不知道我进入校篮球队了？！"（这样的回答显示出他根本没有在倾听分享者说什么）

第二层次："是呀，我也发现这个问题了，这个学期你真的挺努力的，但好像没什么效果。"（这样的回答表示他听到了分享者所说的内容，然而却完全无视分享者的感受）

第三层次："那你一定感觉很烦恼吧？这么努力学习，付出很多却没什么收获。"（这样的回答显示他理解了分享者所表达的内容和分享者内心的感受）

第四层次："你现在一定很烦恼吧，压力也很大，因为努力了也没有明显的进步，你觉得自己不擅长学习，好像注定要失败似的，怀疑自己的能力。"（这种回答超越了分享者所给的信息，传达出对分享者深层感受

的理解）

　　当我们用第三和第四层次的共情来回应别人的时候，我们就是在真诚地表达对对方的重视和理解，这一定会鼓励他更开放地继续分享。在这个交流的过程中，对方会感觉很舒服，会渐渐地澄清自己的想法和需求。当然，任何技能的提高都需要一个过程，即使一开始的回应不是很理想也没关系，只要你抱着一颗真诚的心，开放自己，也愿意和他人建立真实的有质量的人际关系，在生活中把握住每一次练习的机会，相信你的共情一定会逐渐地进步到第三、第四级。也请你用心体会当你对他人表达共情时，你有什么感受，对方的反应如何。当你体会到共情带来的美妙关系时，当你和他人之间建立起心与心的连接时，你会更加喜欢这样的互动方式，你也会感觉到不孤单的美好和与他人同在的温暖。

　　需要指出的是，共情不是去承担他人的沮丧、失望、愤怒、悲伤等消极情绪，进而转化为自己的压力和不快，而是暂时地进入他人的世界，并如同他人般去感受。但"如同"并非"就是"。在他人期待你的理解时，你去共情对方，之后你需要及时抽身，回归自己。

　　共情也不是认同他人的想法，更不是赞同他人的行为，而是回应和了解他人的感受。人们在情绪低落的时候，都不在乎别人是否同意自己的行为，需要的只是有人能理解自己正在经历的事情。人际互动的过程中，共情他人和觉察自我是不断循环着的。共情并不意味着丢失自己。

　　不是任何时候都要和他人共情。只有当对方期望我们了解他的感受时，特别是面对他人的负面感受时，我们才需要使用共情和沟通技巧。

　　简单地说"我了解你的感受"，对方可能并不相信你。我们在表达对他人感受的理解时，最好能具体一些，例如当别人要上台演讲时，你说"第一次上台演讲是会很紧张，这种复杂的新挑战里有很多新东西需要去适应"，这样对方就能知道你是真正关心、重视和了解他。在表达对他人感

受的理解时，不要简单重复对方的话，而要把你接收到的他的感受描述出来；也不要重复他人对自己的负面评价，只需接受他对自己进行负面评价时的感受即可。有的人不开心的时候根本不想说话，这时候我们关切地陪在他身边就足够了。

当他人遇到问题时，我们不要急着提出建议或解决方案，这样做会剥夺对方自己去面对、解决问题的机会和过程。共情意味着我们尊重对方，真诚地关心、重视对方，努力理解对方，同时通过不急于批评、评价和建议，为双方心理距离的拉近和关系的良性发展建构起空间，并且很好地保护了对方自主自立、发展解决问题的能力等空间。当对方感受到自己被爱、被理解和被尊重的时候，他会感觉好起来，并开始有力量面对问题。

练习与拓展

一、想一想

对话1：

A：今天和你一起玩得很开心！

B：你最喜欢《海贼王》里的哪个人物？

（1）判断一下 B 的回应中共情的表达处在第几层次，并说明判断的理由。

_____

_____

（2）第四层次的回答应该是怎样的？如果你是 B，你会如何给 A 一个更好的回应？

_____

_____

对话2：

A：可恶！他在教室里当着大家的面讽刺我，真是气死我了，下次我也不会放过他！

B：看样子你和他之间产生矛盾了。

（1）判断一下B的回应中共情的表达处在第几层次，并说明判断的理由。

_____

_____

_____

（2）第四层次的回答应该是怎样的？如果你是B，你会如何给A一个更好的回应？

_____

_____

_____

二、做一做

1.共情的基础是我们能敏锐地识别各种情绪，请把下框中描写情绪的词语真实细致地表演出来。在表演时，你需要体会这些情绪的身体感受，结合面部表情和肢体语言加以呈现。

> 自信、厌恶、伤心、绝望、妒忌、暴怒、
> 好奇、内疚、兴奋、勉强、急躁、犹豫、
> 沮丧、惊奇、害怕、困惑、挫败、失望、
> 自豪、担忧、震惊、紧张、厌烦、羞愧

2.提高共情能力离不开反复的实践和练习。请在下面的表格中记录你一周内用共情沟通的事例。

	时间	地点	对象	对话	效果
星期一	午餐	食堂	同桌	同桌："菜太难吃了，一点儿味道都没有！我最讨厌学校的饭了！" 我："学校的午饭口味清淡，不喜欢还得天天吃，是挺苦恼的。"	同桌继续说他喜欢的口味，以及他可以放学回家吃到自己喜欢的晚餐，情绪变得平和了。我很高兴可以帮到朋友，也体会到共情真的能拉近人与人之间的距离。
星期二					
星期三					
星期四					
星期五					

（续表）

	时间	地点	对象	对话	效果
星期六					
星期日					

情绪与生俱来，本身没有对错之分，我们让它自由地存在不是很好吗？言之有理，但未经觉察、感受、理解的情绪，往往会给你的学习、生活带来困扰。生活不只有快乐和美好，所以我们要有感受、理解甚至创造快乐的能力！准备好了吗？让我们一起向快乐出发！

乐游情绪谷——快乐导航

快乐新角度

我们每天都会被情绪包围，而且这些情绪还会根据不同的事件和情境而发生变化。一方面我们会觉察到自己的情绪变化，另一方面我们也要面对他人的情绪表现。无论是积极情绪还是消极情绪，它们都合理地存在于我们的生活中，它们共同构筑了我们丰富多彩的人生。虽然任何情绪的存在都有其合理之处，但是情绪反应是有恰当和不恰当的区别的。恰当的情绪反应可以帮助我们表达自己的感受，传递自己的情感；而不恰当的情绪反应则会阻碍我们情绪的正常表达与宣泄。那么如何适当地进行情绪反应，调整消极情绪带来的干扰呢？

我们先来讲讲动画片《跳跳羊》。

故事从一只可爱的小羊说起。这只小羊特别喜欢跳舞，它一跳起舞来，周围的小动物们就会被它的舞蹈感染跟着它一起跳起来，大家就叫它"跳跳羊"。

但是这样的生活并没有持续多久，因为有一天有人捉走了这只跳跳羊，还把它的毛剃得一点儿不剩。它变成了一只光秃秃、全身泛着粉红的丑小羊。没有了雪白外衣的跳跳羊害怕遭到其他小动物的嘲笑，不再跳舞了，每天躲在阴暗的角落里不敢出来。

就在这时，一只充满活力和智慧的美洲羊出现了，它问道："可爱的跳跳羊，你为什么如此难过呀？"跳跳羊悲戚戚地回答说："我全身上下都是粉红色，太难看了。失去了雪白的羊毛，真的没脸见人了。"美洲羊说："粉红色有什么不对吗？难道颜色能够决定一切？看来是你的想法需要改变了！"美洲羊的话强烈地刺激了跳跳羊。它仔细思考着："是啊，颜色不能代表什么，也无法决定什么。我要改变我的想法！"在美洲羊的帮助下，跳跳羊尝试着再次起舞，这时它又找到了曾经的快乐。从此以后，就算它身上的羊毛被剪掉，它也不害羞、不逃避了。它依然是那只爱跳舞的快乐跳跳羊。

同学们，在你们的生命进程中，有过类似跳跳羊的经历吗？难道我们的想法真的会左右我们的情绪吗？只要换个角度看问题，世界就会更加美好吗？今天就让我们一起去发现快乐新角度，试着改变想法。相信思想有多远，你就可以走多远。

情绪 ABC 理论

很多心理学家都致力于情绪调节方面的研究，其中一项研究对我们的情绪调节产生了很大的影响，那就是临床心理学家阿尔伯特·艾利斯在20

世纪 50 年代创立的"理性情绪疗法"。该疗法建立在"情绪 ABC 理论"的基础上，认为情绪源自想法、理念，我们每个人都可以通过改变想法来改变情绪。它重视思想的功效，能帮助个体用逻辑思考来处理过度的情绪反应。接下来，我们通过两个故事来感受一下想法对情绪的影响。

故事一：

王伟和丁当在一起踢足球。刚开始还玩得不亦乐乎，但是过了一会儿，因为该谁捡球的问题两个人吵了起来，互不相让。王伟说："丁当，那个球离你比较近，你就捡一下呗，又累不着。"丁当一听，很不舒服，说道："王伟，咱们俩可是说好的，每个人轮流捡球，上一轮是我捡的球，这一轮不论远近都应该你捡。咱们可不能定了规矩不遵守啊！再说了，论身材的话，你比我更需要锻炼，况且也累不着，对不对呀？"听完丁当有点阴阳怪气的话，王伟的火气越来越大，他一脚把球踢到了场外。丁当一看，更是怒火中烧，心想：明明是你的错，该捡球不捡球，火气还那么大，把球给踢飞了，实在太过分了，看来要好好教训你一下才行。他走上前去，对着王伟就是一脚。王伟不肯示弱，立刻还以颜色。于是两人由最初的争吵演变成打架。最后都被老师狠狠地批了一顿，同时还要请家长和写检查。

故事二：

自习课上，方瑜在写作业，她的签字笔没水了，就随手拿了同桌的笔继续写。但是不巧的是，她不小心把笔摔了一下，结果笔珠没了，导致签字笔无法使用了。就在她十分懊恼的时候，同桌回来了。方瑜一看到同桌来了，就一五一十地把这件事跟同桌说了。同桌听完之后很不舒服，当她发现坏掉的签字笔是自己最喜欢的笔时，就更生气了。同桌觉得有些委屈，这支签字笔自己平时都不舍得用，结果被方瑜弄坏了，于是就忍不住埋怨方瑜不爱惜别人的东西。方瑜觉得自己也很委屈，自己真的不是故意的，

而且也很真诚地承认了错误，同桌干吗那么较真儿啊！可是她转念一想，确实是自己不对在先，不小心弄坏了别人的东西，同桌生气是正常的，抱怨也是合情合理的。于是，她再次真诚地对同桌说："对不起，弄坏了你的笔，但我真的不是故意的，请你原谅我。而且我并不知道这支笔对你来说是这么重要，我赔你一支新的，好吗？"同桌一看方瑜如此真诚，反而觉得不好意思了："其实没关系的，只是意外，你千万别放在心上。算了，不过是一支笔嘛。不好意思啊，刚才我的话说重了，你千万别介意啊！"就这样，方瑜和同桌的矛盾化解了。

　　两个故事，一个是不合理的想法引起了不恰当的情绪反应，最后使矛盾激化；另一个是合理的想法带来了恰当的情绪反应，最后成功化解了矛盾。这就是想法对我们情绪的影响。也就是说，想法左右情绪，我们的想法会直接影响我们的感受，使我们快乐或悲伤。下面再看一个《星星和泥土》的故事。

　　塞尔玛是一个随军家属，她丈夫的部队驻扎在沙漠中的一个陆军基地。因为丈夫奉命去参加演习，塞尔玛就一个人待在部队的铁皮房子里。天气太热了，就连仙人掌阴影下的温度也接近52℃。周围的人不会说英语，没有人能和她聊天，这种生活让她郁闷无比。于是塞尔玛写信给父母，诉说她在这里生活的种种不适应和不如意。而她父母的回信却只有短短的两句话，但是这两句话带给她的触动非常大，足以改变她的现状。这两句话是："两个人从牢中的铁窗望出去。一个看到泥土，另一个却看到了星星。"
　　受到这两句话的启迪，塞尔玛决定在沙漠中寻找属于她的"星星"。她首先试着与当地人沟通，了解他们的纺织技艺，研究各种各样的沙漠植物和动物，学习当地人的生活技艺和风俗，努力与他们做朋友。慢慢地，她发现了这里的美：沙漠日落的壮丽、几万年前的海螺壳的久远……

渐渐地,奇迹发生了:原本让她难熬的恶劣环境变成了令人留恋的美景。

　　沙漠没有变,当地人没有变,是什么促使塞尔玛有了这些改变呢？答案是塞尔玛不断调整的想法和心态。她为自己的变化兴奋不已,后来还写了一本名为《快乐的城堡》的书。她终于看到了属于自己的最亮的"星星"。

　　如此看来,改变想法真的可以改变人的心情。很多烦恼和焦虑常常是一些不合理的想法引起的。在生活中,我们要试着发现这些不合理的想法,尝试着改变它,调整它,相信我们每个人都能看到属于自己的"星星"。

　　上述故事中呈现出来的问题与解决方案,我们可以用艾利斯的情绪ABC理论做一个完整的解释。根据他的研究,情绪源于想法、态度、价值评判。激发事件(Activating event,简写为"A")只是引发情绪和行为后果(Consequence,简写为"C")的间接原因,而引起C的直接原因是个体通过对A的认知和评价而产生的信念(Belief,简写为"B"),即人的消极情绪和行为后果(C)不是由某一激发事件(A)直接引发的,而是由经受这一事件的个体对它不正确的认知和评价所产生的错误信念或想法(B)直接引起的。错误信念也称为非理性信念。

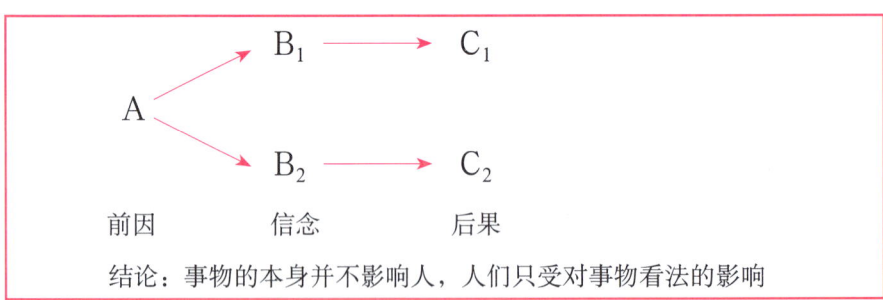

　　上图中"A"指事情的前因,"B_1""B_2"是个体对前因产生的不同信念,"C_1""C_2"指由前因产生的后果。我们常说有因必有果,但是我们也常常会发现,即使同样的前因A,也会产生不一样的后果C_1和C_2。仔细思考后我们会发现,从前因到后果之间其实架设了一座桥梁,这座桥梁就是

我们固有的信念和对于情境的评价与解释。在相同的情境之下，基于不同人的不同理念、评价与解释，会得到不同的结果。也就是说，如果追根溯源的话，事情产生的后果缘于我们的信念或者想法。

下面再来看一个事例，在这个事例中不同的想法就引发了不同的情绪。当别人对你说"你这个人真好呀！"这句话的时候，基于不同的想法你会产生不同的情绪。

事例	想法	情绪
别人对你说：你这个人真好呀！	他喜欢我，真好！	高兴
	他应该是在安慰我吧。	伤心
	我不怎么样，他想干吗？	疑惑
	讨好我，想利用我？	厌恶
	……	……

换言之，改变想法就能够改变心情。我们很多烦恼、不快都是因为一些不符合事实、不合理的想法引起的。对于这些想法，我们应该及时发现、及时改变，从而改变我们的心情。因此，我们在面对任何事情的时候，首先要对事件有一个恰当、积极的想法，从而表现出适当的情绪反应，避免不恰当情绪反应的出现。就像我们在路上遇到红绿灯一样，红灯停，绿灯行，黄灯亮了等一等，会让我们的人生之路更加顺畅。

既然想法对于情绪的产生有着重要的影响，那么我们在现实生活中会存在哪些不合理的想法？这些想法又有什么具体的特征呢？下面就让我们睁大眼睛、开动脑筋一起来识别它们吧！

不合理的信念及其调整方法

1. 十大不合理信念

现实生活中存在着一些不合理的想法，有些还成了某些人的信念。下面总结了十大不合理信念，我们一起来看一下。

（1）**非黑即白，非此即彼**。习惯用"要么这样，要么那样"的方式来思考。例如小明的成绩没有达到自己设定的标准，他就会将事情的结果想得很糟，甚至认为自己是失败者。他习惯从一个极端走向另一个极端。例如这样的表述："考不上好高中我的一生就完了。"

（2）**灾难化的心理过滤**。习惯于把一些消极因素无限夸大，把问题往最坏的方面思考。例如："我这次的作文肯定要重写了。"——其实老师只是给你提出了一些修改意见，希望你能够精益求精，写得更好，而你却因为这些合理的意见而否定了自己的整篇文章。

（3）**以偏概全**。习惯于将偶然发生的坏事看成是经常发生的事情。例如："我运气一直很糟糕。""我从来没有考好过。""我一直都那么倒霉！""幸运女神向来都不会眷顾我。"

（4）**给好事打折扣**。归因方式出现严重偏离，拒绝积极的经验。即使自己完成了任务，也认为是自己的运气好，而不是自己的实力强，认为别人也能做到甚至做得更好。例如：小明这次钢琴比赛拿到了一等奖，他就会认为那些有实力的高手都没有参赛，自己只是侥幸拿到了这个奖，如果那些高手参赛了，自己肯定没戏。

（5）**胡乱猜测结果**。当事情还没有结果的时候，习惯性地对结果进行消极的推测和判断。例如："这次数学考试我后面的大题都答得不够完整，

这可怎么办？我的数学肯定考砸了，我这次的整体排名肯定要后退100名了！"

(6) 凭感情论事。习惯进行情绪化的推理，将自己的消极感受当成必然事实，认定自己的消极情绪必然反映了事情的真实情况。例如："今天早上起来，心里闷闷的，很不舒服，肯定是有不好的事情要发生。""今天来的路上太不顺了，我的口试肯定砸了！"

(7) 乱贴标签。经常会给自己或他人一个评价，但是这样的评价缺乏客观全面的认识。例如："我是一个学不好数学的人。""他的人缘不好。"

(8) 虚拟陈述。认为事情应该符合自己的想法和期望。经常会给自己一个虚拟的想法或期望。例如："我如此努力，这次考试必须要成功！""我的人缘应该是最好的，所有人都会喜欢我。"

(9) 以己度人。自以为是地认为自己能够知晓他人的想法，总是习惯于用自己的想法去判断他人的认知。例如："他们就是讨厌我，就是不想要我这个朋友了。""老师就是讨厌我。""同学们总是瞧不起我。"

(10) 夸大其词。过分夸大自己的问题或不足的严重性，同时习惯性地轻视自己拥有的积极、正向的品质。例如："我太冲动了，估计谁也不愿意和我交朋友。""我就是控制不了自己的脾气，我就是一个脾气暴躁的人。"

2. 不合理信念的特征

其实在现实生活中，我们或多或少都会产生一些不合理的信念，下表总结了一些不合理信念的表述形式，便于我们在日常学习和生活中自我觉察与判断，及时调整自己的想法，进一步调适自己的情绪。

不合理信念	特征及后果	表述举例
绝对化	对人或者事情有绝对化的期望和要求。 关键词：必须、应该、一定要等。 会产生焦虑、忧郁、无价值、无意义或者自责等感受。	（1）这世界必须公平合理，不公平就不应该。 （2）同学们都应当诚实，这样才是个好班集体。
过分概括化	对一件小事做出夸张、以偏概全的反应；表现出挫败感、容忍度低。 关键词：天生如此、绝不可能、总是等。 会造成愤怒、仇恨、诽谤。	（1）这件事说明我就是个废物。 （2）这种事情可能发生在任何人身上，但绝不可能发生在我这个天才身上。
糟糕至极	对一些挫折与困难做出强烈的反应，并产生严重的不良情绪体验，使人精神受到困扰。 造成不安、忧郁、拖延及懒散。一旦事情不如预期，便会觉得比之前糟糕。	（1）今天老师当着全班同学的面批评了我，我的面子丢尽了，不想再上这个老师的课了。 （2）这次考试要是考砸了，我的一生就完了。

3. 合理信念与不合理信念的差别

　　我们了解了不合理信念的主要特征、后果及表述，那么合理信念和不合理信念到底有多大的差异呢？我们一起来看下面的表格，通过对比来了解合理信念与不合理信念的差异。

	表现	结果
合理信念	（1）与现实相符。 （2）灵活、不极端。 （3）合乎逻辑或是明智的。 （4）使人更快地达到目标，比如实现良好的人际沟通，更加自信，等等。	（1）有好的结果。 （2）调整自己，积极面对困难。 （3）使人很快摆脱情绪困扰。
不合理信念	（1）与现实不符，主观臆测居多。 （2）僵化或者极端。 （3）不合逻辑或者是荒谬的。 （4）使人远离目标。	（1）导致不良后果。 （2）使人产生负面情绪，比如绝望、焦虑、内疚、抑郁等。 （3）把责任推给外界和他人。 （4）使人长期陷于情绪困境。

4. 调整不合理信念的方法

我们了解了不合理信念与合理信念的区别，也明白了合理信念会给我们带来更加积极向上的结果，那么我们该如何调整内心存在的不合理信念呢？有时候我们明明知道这些想法是不对的，可总是忍不住这样去想；有时候我们甚至会被这种糟糕的想法左右，产生消极的情绪，做出错误的判断，产生不恰当的行为。从最开始的阶段就对自己不合理的信念进行调整我们可以尝试以下几种做法。

（1）**苏格拉底式的发问**。苏格拉底是古希腊著名的哲学家、思想家和教育家。他最经典的教育方式就是提问，通过不断地提问，帮助学生深刻地了解问题的内涵和实质。我们可以借鉴他的提问方式，不断地对自己发问。其基本环节可概括为"提问—回答—反问—修正—再次提问……"这样一个往复循环的过程。

举例：

①场景：如果别人说你是最笨的人，你特别生气。

你可以提问：有什么证据证明自己是最笨的呢？如果证明不了，那么他们的说法就不应该成立。那我为什么还要对不成立的说法耿耿于怀呢？

②场景：这次评选"三好学生"我没有被评上，我的成绩是最好的，为什么没有被评上，这不公平！

你可以提问：评选"三好学生"的标准有哪些？仅仅是成绩吗？自己没有当上"三好学生"，最差的结果是什么呢？这样的结果我自己可以接受吗？

③场景：这次考试至关重要，我不能有一丝失误。所以考试的时候我很紧张。

你可以提问：为什么这次考试我必须要这样做呢？为什么我就不能有一丁点儿的失误呢？如果这次考试有失误的话，对我来说最坏的结果是什

么呢?

(2) 示范的方法。示范是针对我们身上存在的以自我为中心的倾向和主观的自我表达而产生的一种相对客观的表达方式。我们可以试着找到一位自己喜欢或者崇拜,又或者想要模仿的人,详细叙述希望拥有对方什么样的特质等。

举例:

①场景:你是板报小组的组长,老师临时布置了一项任务,要求今天必须完成板报制作,但是有些组员找到各种理由"逃跑"了。看到这种情况你很生气,你准备把组员的表现告诉老师。

你可以思考:组员是不是都走了?有没有留下来陪你的?那些留下来陪你的同学现在在做什么呢?是愤愤不平,还是已经着手办板报了?留下来陪你的同学的做法对你有哪些影响或者启示呢?

②场景:这次评选"三好学生"我没有被评上,为什么没有被评上?这不公平!

你可以思考:班里的同学中你认为有资格当"三好学生"的有哪些?这些同学有哪些相似的特点?这些同学又有哪些不同的特长?自己和这些同学相比有哪些不同的地方呢?

(3) 权衡利害。"权衡利害"是一种优劣分析,分析由此产生的利与弊,目的是告诉自己为什么要改变信念,在我们打算放弃或者退缩时,给自己加油鼓劲。

举例:

场景:我现在烦死我老妈了,她天天唠唠叨叨,有的时候真想跟她大吵一架,跟她好好沟通真的太难了。

你可以思考:吵架的后果会有哪些?如果自己跟妈妈大吵一架的话,自己的烦恼能够消除吗?妈妈的唠叨能够停止吗?如果自己尝试改善沟通的方式又会有怎样的变化?自己是否意识到与妈妈的沟通实际还是有一定效果的，但是每次沟通时的艰难又让自己退缩，觉得还是保持沉默好了。自己试着做一下分析：克服或者忍受沟通的艰难，与两人长期不理不睬或者激烈争吵之间，哪个对自己未来的成长更有好处？

（4）合理的因果句型。这种方法其实是练习如何保持一个合理的因果推理方式，因为经常使用合理的因果句型能够帮助我们形成积极的思维模式。其具体做法是：重新改写不断出现在我们脑海中的非理性独白，并且给自己这种改写方式以鼓励。

例如：

①我可以完成这项背诵任务。

②我会努力考好，但即使考不好也不会因此就成为失败的人。

③我不是必须赞同老师的这个决定，可是在决定无法更改的情况下，我也要面对这件事。

（5）角色扮演。尝试着用自我扮演的方式演绎合理信念和不合理信念带给我们的不同后果。这些后果可能会给我们带来极大的冲击，从而帮助我们尽量提取头脑中健康合理的信念。

举例：

场景：今天真倒霉，自习课说话被老师发现了，她让我写800字的检查，天哪！这简直是要人命啊！

角色扮演：我可以在头脑中重现一下自己拿着检查面对班主任的情景。班主任会怎样说，怎样做？而我会怎样说，怎样做？如果我的检查通过的话，我接下来会怎样做？如果我的检查没有通过的话，我会如何做？在这个过程中，我有哪些合理的信念可以保留呢？

当然，调整我们不合理信念的方法还有很多，每一种方法都不是为我们私人定制的，所以需要我们在掌握以上这些方法之后，懂得在合适、恰当的场景中应用。只有这样，我们才能够在面对各种糟糕情况的时候，生成相对合理、恰当的信念，产生相对积极、正向的情绪，从而帮助我们做

出合理的判断，产生更加积极有效的行动。

练习与拓展

一、推断与分析

我们在生活中肯定会遇到一些不顺心的事情，面对这些事情你会产生哪些想法？这些想法是否会左右你的情绪呢？下面让我们利用情绪 ABC 理论区分自己的情绪吧！

1. 想法大搜索

请同学们根据事件和产生的情绪，以及接下来出现的行为推断当事人的想法。

A（事件）：期中考试成绩不理想		
B（想法）	C（情绪）	行为
	伤心、难过	大哭一场
	懊恼、悔恨	无所事事
	担心、焦虑	不敢回家
	生气、嫉妒	不愿意与同学接触
	庆幸	下回不再犯同样的错误
	冷静	仔细分析出错的原因
	振奋	为自己加油鼓劲
	热情、激情	主动读书、认真复习
	……	……

2. 情境大考验

在现实生活中，我们会面临很多需要我们调整自身想法进而改变情绪的事情。下面呈现了一些生活中经常遇到的情境，请同学们思考：这些事件是否曾经使你感到困扰？分析自己当时想法的不合理之处，集思广益，用积极的想法替代，迎来积极的情绪体验。

情境（事件 A）	想法（B）	情绪（C）
当你面对他人的批评时		
当你和同学有矛盾时		
当同学给你起难听的外号时		
当你和父母有误会时		
当你被同学造谣中伤时		
当你被同学责怪时		
当你当众出丑时		
……	……	……

二、做一做

为了促进我们更好地调整对事件的认知和想法，形成一个良性的积极思维模式，让情绪 ABC 理论打开我们快乐的新思路，请及时在下面的表格中记录突发消极事件，并且随时观察和调整自己的状态。

我的情绪 ABC

日期	突发消极事件	当时的想法	当时的情绪	调整后的想法	调整后的情绪
3月7日	同学把我的校服弄丢了	他怎么这样，随便拿别人的东西	生气	他也不是故意的	平静

（续表）

日期	突发消极事件	当时的想法	当时的情绪	调整后的想法	调整后的情绪
4月9日	今天测验得了70分	考得太烂了	难过	成绩已经这样了，赶紧求助老师吧	振奋
月　日					
月　日					
月　日					
月　日					
月　日					

当完成 6 件事的填写之后，请尝试比较自己想法和情绪的变化，并把发现和收获写下来。

_____

_____

三、测一测

1. 找出情绪 "垃圾"

亲爱的同学们，你了解自己的情绪状态吗？自己内心是否有一些未经处理的消极情绪存在呢？下面的测试能够帮助你了解自己的一些情绪状况，请你根据自己近段时间的表现选择答案。

计分方法：

A. 经常（5分）；B. 有时（3分）；C. 很少（1分）；D. 从不（0分）

愤怒

（1）我对别人隐藏、压抑自己的恼怒。（　　　）

（2）我和某人生气后感到后悔。（　　　）

（3）别人一激，我就忍不住发怒。（　　　）

（4）我觉得自己对别人发火有害无益。（　　　）

（5）我遇到过只能用愤怒来做反应的情况。（　　　）

抑郁

（1）我感到自己不能主宰自己的命运。（　　　）

（2）我已经或想要大哭一场。（　　　）

（3）我被夜晚的睡眠问题困扰。（　　　）

（4）我没有任何理由却感到疲倦。（　　　）

（5）我觉得如果我死了，别人的生活会更好。（　　　）

恐惧

（1）避开某些场景（如飞行表演），我会感到更舒服。（　　　）

（2）对于我所害怕的事，我宁愿不理睬。（　　　）

（3）当我一想到危险时，便难以正常思考。（　　　）

（4）我觉得要不惜代价以避免失败。（　　　）

（5）对我来说，停止对某事或者某人的担忧是很困难的。（　　　）

焦虑

（1）我被即将发生的麻烦所侵扰，可我不清楚这些麻烦到底是什么。（　　　）

（2）我对自己的长远目标心中没数。（　　　）

（3）我的压力似乎来自四面八方。（　　　）

（4）我对完成不熟悉的任务感到心神不安。（　　　）

我的得分：

愤怒：_____　　　抑郁：_____

恐惧：_____　　　焦虑：_____

同学们，在上面的测试中，如果你某一种情绪的总得分超过 15 分，就需要及时关注了。你可以走进学校心理辅导室寻求心理教师的帮助，求助家长，或向专业人士咨询。当然，在此之前，你可以尝试应用本章提到的调整不合理信念的方法进行自我调节。

（资料来源：边玉芳主编：《中小学心理健康教育：心理》，华东师范大学出版社 2004 年版，有改动）

2. 清除情绪"垃圾"

我们可以用调整不合理信念的方法，帮助自己调整一下自己的糟糕想法，也许在想法改变之后，我们的情绪"垃圾"也会烟消云散了。所以请试试看吧。

（1）我明明没有错，却被他人指责。即使这个人是我的长辈或者老师，我依然十分气愤。

我的做法：_____

我的感觉：_____

我尝试用_____ 方法调整。

调整之后，我的情绪状态：_____

我重新采取的行动是 _____

（2）近来学习状态不佳，老是犯困，而且考试成绩越来越差。我特别难过，但就是提不起精神。

我的做法：_____

我的感觉：_____

　　我尝试用 _____ 方法调整。

　　调整之后，我的情绪状态：_____

　　我重新采取的行动是 _____

　　（3）不知道从什么时候开始，我特别害怕学校，不想上学了。我怕看到同学、老师，最害怕上数学课。

　　我的做法：_____

　　我的感觉：_____

　　我尝试用 _____ 方法调整。

　　调整之后，我的情绪状态：_____

　　我重新采取的行动是 _____

　　（4）下周我们班就要开班会了，但是老师布置给我的任务我却一点儿也没做，我好着急，但是没有任何思路，怎么办？怎么办？这下死定了！

　　我的做法：_____

　　我的感觉：_____

　　我尝试用 _____ 方法调整。

　　调整之后，我的情绪状态：_____

　　我重新采取的行动是 _____

乐观思维链

下了体育课你又渴又累，看到桌子上的半杯水，你会想到什么呢？有的同学想：太好了，还有半杯水，一饮而尽真痛快！有的同学想：这可怎么办？就剩这么点儿了，我那么渴怎么办？等下我还要上英语课，我的喉咙好干！我念不了书，发言出不了声，怎么办？……

同样一件事，思维的角度不同会带给你不同的情绪：可能让你觉得无关紧要，也可能让你觉得不那么糟糕，还可能连带出上个星期考试失败的沮丧和痛苦。能否找到可  带给我们好的感受的思维链，使我们即使是在感觉到痛苦和不便的时候，也能将其影响降到最低，用最短的时间调整好状态？

我们知道，学生的主要任务是学习，我们的生活会因收获各种知识技能而丰富多彩，也会因简单重复而显得机械枯燥。我们既要忙于应对责任和功课，又想有些娱乐活动；我们既需要和许多小伙伴相互帮助、共同成长，又需要独自面对成长中的挫折。人生之路并不总是阳光明媚，有时也会夹带雷电和冰雹。面对生活中的重重矛盾，学会乐观尤为重要。

什么是乐观

在生活中我们会遇到各种各样的事情，这到底是好事还是坏事？有的人遇到不顺利的事情，或是和自己期望相反的事情时，就会觉得不是好事情。而有的人比较容易看到这些事情背后积极的一面，或者不会将问题想得太糟。我们认为前一种人比较悲观，后一种人则比较乐观。具有乐观思维的人，在面对困难的时候总是能够给自己找到出路，较好地应对。乐观是积极的心理品质之一。乐观的人无论在什么情况下，都能保持良好的心态，相信坏事情总会过去，阳光总会再来。

乐观可以习得

大家都知道乐观能够给人带来许多好处，但是很多时候我们会不由自主地陷入消极情绪中。有些思维会自己跳出来，消极地看待一切，用负面评价"审判"自己。它让你感到沮丧，对什么事情都打不起精神。最后让你的健康消耗在忧虑中，让你没有勇气去为更多的改变而努力。有时候可能是因为我们的家人把他们的悲观传染给了我们，有时候可能是因为我们努力做某些事情但是并没有成功，于是我们无助地认为现状是难以改变的。

那么，到底是什么带走了我们的乐观呢？

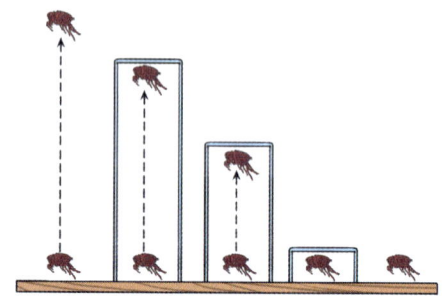

科学家做了一个有趣的实验，让一只虫子自由跳，记录它跳跃的高度。然后用一个比它自己跳跃高度低一些的箱子限制它，并且逐渐降低箱子的高度。最后的结果是这只虫子再也不会跳了。我们就像这只虫子一样，在现实的各种限制中，逐渐学会了无助。

但从另一个角度思考，既然无助感可以在失败经验中逐渐习得，那么乐观是不是也可以通过学习和修炼得来呢？如果能这样想，那么祝贺你对乐观的理解又深入了一步。表面上的成功和失败并不必然带来乐观和悲观，中间还有一个重要的因素——我们对成功和失败的解释。对原因的习惯性看法就是"解释风格"。你的解释风格决定了你是乐观的还是悲观的，决定了你在遭遇挫折和取得成功时的反应及内部语言。

 ## 乐观的基础：积极的解释风格

我们可以决定情绪的发展方向，我们需要做的是及时发现情绪产生的原因，从适当的角度去看待它、引导它。什么样的解释是乐观的？什么样的解释是悲观的？要看我们对成功和失败的解释在永久性（永久—暂时）、普遍性（普遍—特殊）和个人化（内部—外部）三个维度上的表现。下面以学习生活中常见的几个情境为例进行分析。

情境一：

丁丁和多多参加了一次考试，那次考试题目比平时难了一些，他们的

成绩都不好，他们都很沮丧。

　　丁丁说："我真是个笨蛋，死脑筋。只要题目类型发生变化，我就不认识它了，看来我永远考不好了。"

　　多多说："这次考试题目比我们练习的难一些，而且我这段时间做的练习不够多，对新知识掌握不是很好。"

　　同样是考试分数不理想，丁丁和多多的解释却完全不同：丁丁把考不好的原因解释为自身个性上的缺点，并且认为自己总是考不好；多多认为考不好是因为复习不到位，知识点没掌握好。

　　请你思考一下，丁丁和多多对考试失利的解释在永久性和个人化的两个维度上各有什么不同？哪位同学的解释风格更加乐观？不同的解释对这两位同学的情绪和之后的学习行为会产生怎样的影响呢？

　　如果沿着丁丁的思路走下去，"笨蛋"和"死脑筋"就会如同魔咒一般，使人沮丧、悲观。其实丁丁并不笨，但却被这样的想法所困，感觉无法改变现状，无力去和这样伴随终身的"遗传问题"斗争，所以垂头丧气，甚至产生自卑心理。永久性让他感觉到坏事情总是发生，成功只是意外，悲观必然占了上风。而多多的解释客观些，也不会让自己感觉那么难受，而且只要在之后的一段时间付出相应的努力，是可以很快改变这种状况的。那么这两种解释风格最明显的差异就是，丁丁以悲观的态度看问题，而多多则以乐观积极的态度看问题。悲观地解释失败，就会认为失败是永久不变的，是因为自己能力不足和个性缺陷导致的。乐观地解释失败，就会认为失败是暂时的，是由于自己付出不够、策略不当等导致的。在对成功的解释上，乐观者和悲观者的解释也刚好相反。乐观者会认为自己的成功是一定的、必然的，是自己能力的体现；悲观者则认为自己的成功是偶然的、侥幸的，是运气比较好。

情境二：

为了参加市里组织的合唱比赛，各个学校都请最好的声乐老师进行专业辅导。经过一段时间的辅导之后，老师要确认参加比赛的同学了。这意味着有三分之一的同学可能不能上场比赛，小芳和小闫是合唱团的优秀团员，她们认为自己一定没有问题。可最终的结果是，她们两个人都落选了，她们对这样的结果都非常失望。

小芳的反应：我这么努力地练习，结果还是落选了。我注定不是搞艺术的料儿啊！做什么事都不顺！她大受打击，回家之后食欲不振，也不愿意和父母交流。接连几天她对身边的事情都提不起兴趣，抑郁的心情无法疏解。

小闫的反应：我没有被选上可能是我不适合高声部，音准也需要加强训练。她告诉朋友她有多失落，回家后又和爸爸妈妈谈论这件事。虽然心情不好，但是当爸爸妈妈提议她去做喜欢的手工时，她很高兴地答应了。落选了，小闫虽然觉得不快乐，但是对生活里的其他事情并没有失去兴趣。她和朋友们一起做手工、聊天，并且计划未来的几天怎么安排课余生活。

面对选拔失败，两名同学都感觉沮丧。但为什么小闫很快就"满血复活"，而小芳却长时间走不出来呢？在普遍性这个维度上，小闫对失败的解释是乐观的，她觉得自己只是不适合高声部，自己擅长的是其他方面；小芳的解释是悲观的，她觉得这次失败说明自己什么都不行。

综上所述，悲观的解释风格是在发生坏事时，进行永久性的、普遍性的和个人化的解释；在发生好事时，进行暂时的、特定的和外部的解释。乐观的解释风格在发生坏事时，进行暂时的、特定的和外部的解释；在发生好事时，进行永久性的、普遍性的和个人化的解释。下面三个表格能帮助大家进一步加深理解。

	悲观的	乐观的
永久性 / 坏事情	永远没有人会和我做朋友（永久）	当你转学时，需要时间来交新朋友（暂时）
永久性 / 好事情	我这次考得还行是因为我超常发挥（暂时）	我这次成绩不错是因为我有实力（永久）

	悲观的	乐观的
普遍性 / 坏事情	我在运动方面笨手笨脚（普遍）	我可能不适合踢后卫（特殊）
普遍性 / 好事情	我就数学还凑合（特殊）	我是有学习能力的（普遍）

	悲观的	乐观的
个人化 / 坏事情	篮球赛输了，都是因为我（内部）	我今天状态不好，队友也不在状态，对手表现太好了（外部）
个人化 / 好事情	这次考得还行是因为题目容易（外部）	我有能力，只要努力就能取得好成绩（内部）

我们要培养乐观的思维方式，就要改进解释风格，首先要确定自己能负起实际的责任，其次要学会使用行为性自责，而非一般性自责。

"我总是把事情搞砸，我是世界上最坏的孩子"，这样的解释属于一般性自责。一般性自责者认为问题是自己个性中无法改变的缺点造成的。因其永久性和普遍性，一般性自责不仅伤害自尊，而且会造成长期的、普遍的消极与无望。

暂时且特定的自责，如"今天这件事我没做好"属于行为性自责。由于行为性自责指出可改变的原因，激励我们更努力地改变行为，所以可以防止类似问题的发生或克服挫折。

习得性乐观不是盲目乐观。它不是从对世界持有未经证实的正面想法而来，而是从"非负面"思维的力量中来。悲观者常把注意力集中在问题的最坏可能上，他们将无法控制的事情怪在自己身上，逐渐倾向于最消极的解释。我们可以学着想想其他导致问题产生的因素，然后专心寻求自己可控部分问题的解决办法。

针对同一件事情，体会在不同心境下的感受后我们会发现，用什么样的思维方式去应对就会产生相应的结果，这个结果又会引起后面一系列的问题。大家都期待能有好的结果，但是我们的思维有的时候会不由自主地陷入一个消极循环中。我们习惯的思维模式是两极化的，要么是好事，要么是坏事。如果能够选择积极的思维角度，好事会带给你更多的自我肯定，坏事可能成为你成长的激发点。我们真正需要的是努力在生活中寻找积极改变的力量，并把它放大、强化，使人生迈向成功。

学校和某些社会团体会举办各种特长比赛，科技项目大比拼，艺术特长展示，舞蹈团、朗诵团、合唱团的团员选拔等，这些比赛和选拔实行的都是淘汰制，对同学们来说也是一个考验。此时，同学们可以分析自己的解释风格，并且有意识地进行调整，练习积极的解释。

学会反驳

我们怎样解释身边发生的事情呢？那些冒出来占上风的想法转瞬即逝却带给我们不好的感觉，如"我是个失败者""我什么事情都做不好""倒霉的事情我为啥老是遇见"。

事情发生后那些自己蹦出来的想法属于自动思维。它很可能是消极思维，使你自责、逃避、害怕，感到压力山大无法解决。遇到这种情况我们首先要觉察也就是抓住这些想法，然后开始我们的反驳策略。

针对自己对事情产生的消极思维和悲观想法，询问自己以下问题：

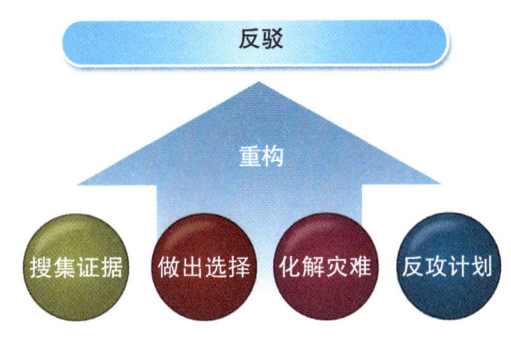

1. 支持我这种想法的证据有哪些？

2. 不支持我这种想法的证据有哪些？

3. 根据来自不同方面的证据，现在我是否有什么不同的选择？是否可从不同角度来看这种情况？

4. 如果预测接下来可能发生的事情，最坏情况是什么？发生的概率有多大？

5. 最好情况是什么？发生的概率有多大？

6. 最可能发生的结果是什么？

7. 对于最坏和最好的情况，我的应对方案是什么？对于最有可能发生的情况，我的应对计划是什么？

反驳的两个关键点：搜集证据，做出新的解释；化解灾难。

乐观是一种态度、一种取向、一种性格特征，也是一种技能和工具。乐观不是阿Q精神，也不是空虚的口号，更不是在事情不顺利时责怪他人、躲避问题的借口。乐观意味着客观地看到问题的积极一面，看到困难之外解决问题的资源，积极地面对并采取实际行动。

反驳策略能帮助我们学会正确的乐观，对消极解释的驳斥是建立在证据支持的基础上的，预测最有可能出现的结果并制定充分的应对方案也说明乐观以现实为基础。

总之，乐观必须是有弹性的，在审时度势的前提下，乐观才能帮助我们幸福地度过一生。乐观是一种能激发我们内心力量的强大工具，虽然它无法使问题消失，但却能帮助我们积极地解释问题，使我们在面对困难甚至灾难的时候，更坚强，更快适应。

练习与拓展

一、想一想

期中考试的卷子发下来了，小芳和小华的成绩都很不理想。小芳因为考了 78 分非常沮丧，垂头丧气好几天；小华也考了 78 分，虽然也有点失望，但是很快就恢复过来，还参加了学校的合唱比赛。

同样的分数但是情绪感受完全不同，行为表现也差异很大。请你分析和推测，小芳和小华为什么会出现这么大的差异？她们对考试失利的解释可能是什么？哪一种更可取？

事件：考试分数 78 分

小芳的解释	小华的解释
永久性：	永久性：
普遍性：	普遍性：
内因还是外因：	内因还是外因：
影响：	影响：

二、做一做

我们每个人都可能有因成功或失败而导致情绪波动的经历。请把自己最

近一周经历的大事及反应填入下表，体验乐观思维在问题解决中的强大作用。

	事情	第一反应	自动思维	新的解释	第二反应
星期一					
星期二					
星期三					
星期四					
星期五					
星期六					
星期日					

1. 事情：一周学习生活中比较大的成败事件；

2. 第一反应：自己的情绪感受、表现状态；

3. 自动思维：识别哪些想法带来了第一反应；

4. 新的解释：如果第一反应和自动思维是悲观消极的，请你尝试利用解释风格理论和反驳技术将其调整为乐观的解释；

5. 第二反应：对事件进行乐观解释以后，你的情绪感受和行动力有什么不同。

三、练习反驳

回顾还在困扰你的一次挫折经历或者你特别担心和焦虑的一件还未发生的事情，试着利用反驳技术来帮助自己调整心态。首先，梳理一下事情或任务，写在"困扰事件"后面。觉察你的情绪感受，捕捉自动思维产生的想法，写在"想法和后果"后面。然后针对这些不客观、不理性和无效的想法，搜集相反的证据，越多越好，记录在"搜集证据"后面。接下来基于证据，提出乐观积极也更客观有效的想法，填在"做出选择"后面。出于悲观，你总是想到最糟糕的结果，所以第五步是化解灾难。思考最糟糕的结果、最好的结果分别是什么，最有可能出现的结果又是什么。将最有可能的结果写在"化解灾难"后面。最后制订"反攻计划"，写出采取哪些行动能让最好的结果最有机会出现。注意体会练习中的感受。

困扰事件： _____

_____

想法和后果： _____

_____

搜集证据： _____

_____

做出选择： _____

_____

化解灾难： _____

_____

反攻计划： _____

_____

打开情绪阀

　　某日的清晨，你也许会因看到阳光普照而心情大悦；而另一个午后，你也可能因为阴雨绵绵而情绪低落；考试也会让你担心……我们拥有许多不同的情绪，它们为我们的生活增添了许多色彩。那么消极情绪到底需不需要宣泄呢？我们该如何更好地缓和情绪呢？

　　我们先来看一篇某个中学生的心情日记，看看他遇到了些什么事。

　　　　6 月 20 日　　　　　星期三　　　　　晴

　　天气超晴朗，我的心情却是一般。

　　今天一天过得波澜不惊，只是有说不出的累。每个学期的期末复习总是要做许多卷子，写到手抽筋。除劳累之外，心里还有一种莫名其妙的不安和慌乱，做什么事都慌张得很。这两天天气也跟着凑热闹，简直要热死人，坐在我前面的那位仁兄，双脚还一直在那里不停地抖，搞得我心烦意乱！我到了忍无可忍的地步，于是踹了他一脚。这些是否属于考前焦虑症呢？唉……

当你和日记里的主人公一样，受郁闷、生气等消极情绪困扰时，一般会怎样做呢？你会选择一忍再忍还是不顾一切地发作，或者沉浸其中不能自拔，抑或寻找恰当的方式宣泄出来？下面我们就来谈一谈有关情绪宣泄的话题。

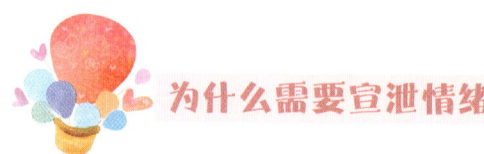
为什么需要宣泄情绪

首先，负面情绪会影响人的行为方式。我们先来看一个心理学家做的实验。

十位志愿者在工作人员的引导下，穿过了一间黑暗的房子。接下来，房内打开了一盏灯。在昏暗的灯光下，志愿者被看到的景象吓出了一身冷汗。原来刚刚在黑暗中走过的是一座窄窄的小木桥，桥下是一个大水池，水池里竟有十几条鳄鱼！

"现在，你们当中有谁愿意再次穿过这间房子？"实验人员询问。

无人回答。

过了很久，有三个人壮着胆子站了出来。第一位深吸一口气，以很慢的速度走了过去。第二位随后走上了木桥，但走到一半时双腿颤抖，不得不趴到桥上，最终也没能再站起来，而是爬着过了桥。第三位只走了很短的距离就不敢走了，最终没能过桥。

接着房内又打开了九盏灯，立刻明亮了许多。此刻，人们有了新的发现，

原来小桥的下方装有一张安全网，由于网线很细、颜色又浅，刚才根本看不清。

实验人员再度问道："现在谁愿意通过这座小木桥呢？"五个人站了出来。

心理学家走到剩下的两个人面前问道："你们为什么不愿意再试呢？"

两个人异口同声地问："这张安全网牢固吗？"

由这个实验我们可以非常清楚地看到恐惧情绪对人们行为的影响。当人们心中充满恐惧的时候，就没有勇气迈开行动的脚步，生命的能量更多用在了防御乃至逃避上。

首先，人都有七情六欲，我们在不断成长的过程中会承受各种心理压力，压力不断增大，消极情绪便有了滋生的土壤。很多时候我们会因为心情郁闷没有办法释怀而更加烦恼，生活和学习也会因为这些情绪变得不顺利，所以我们需要在适当的场合和时间宣泄一下自己的情绪，给自己减减压。

其次，消极情绪的长期积累也会影响身体健康。焦虑、愤怒、抑郁、忧思与惊恐均是消极情绪，长期处于消极情绪中的人免疫力下降，更容易受到各种疾病的侵扰。健康与情绪是互相影响的，人在患病状态下情绪也会低落。有研究表明，大多数经常胃疼、恶心的人都有消极情绪，消极情绪会增加胃中盐酸的流量，更容易导致溃疡病。反之，当人处在心情舒畅的精神状态下时，中枢神经系统的状态最佳，可以更好地调节内分泌活动，提高身体机能，使人充满活力，更加健康。

最后，消极情绪也会影响到自己与周围人的关系，甚至在一些极端情绪产生时会对他人或自己造成伤害。例如，因盛怒而伤人，因极度抑郁而轻生等。

　　古时候，有个名叫信重的武士。一天，他的心中产生了这样一个问题：
"真的有天堂和地狱吗？"于是他去请教一位人称"白隐"的禅师。

　　白隐禅师问他："你是做什么的？"

　　"我是一名武士。"信重昂着头说。

　　"你是个武士？"白隐禅师斜眼看着他，"会有人要你做他的门客吗？
看你长得犹如一个乞丐！"

　　信重听了十分愤怒，手按剑柄就想拔剑。

　　"哦，你有一把剑，但它钝了，根本砍不下我的脑袋。"白隐禅师毫
不在意地说。信重愤怒了，拔出了剑。

　　"地狱之门由此打开。"白隐禅师望着愤怒的信重，缓缓地说道。

　　信重心中一震，似有所悟。他收起剑，向白隐禅师深鞠一躬。

　　"天堂之门由此敞开。"白隐禅师微微含笑地说。

　　好危险哟！同学们，看到了吧。"天堂"和"地狱"只在一念之间！
在我们的生活中，因为没有管理好情绪而引发遗憾终生的事情也是存在的。
可能有的同学会说，我也不想伤害他人和自己，但有时情绪真的很难控制。
那么，在情绪突然来到时，我们该做些什么才能与其和平相处呢？

 **宣泄情绪的方法**

　　我们知道，当洪水上涨危及堤坝安全时，需要在适当的时候选择开闸
泄洪。同样，人在调节心理压力的时候有时也需要"泄洪"，将积累的不
良情绪以适当的方式发泄出去，舒缓心理紧张程度，使心理恢复新的平衡。
比如，当一个人遭遇到突然发生的、意外的精神打击后，别人往往劝他：
"你痛痛快快地哭一场吧！不要憋在心里。"哭泣就是人们在日常生活中，

经常采用的一种宣泄不良情绪的方法。

那么还有哪些宣泄情绪的方法呢？

1. 倾诉法

一天晚上，电话铃响了，女主人拿起了听筒。

"我恨透了我的丈夫！"电话里传来一个陌生女人的声音。

"对不起，你打错电话了。"女主人打断了这个声音。

电话那边的人却好像没听见，滔滔不绝地说下去："他总是说他在外面赚钱有多么的辛苦，一点儿也不体谅我在家照顾孩子的不容易，他还以为我在家里享清福呢！今天我和他商量周末出去参加同学聚会，他居然不让！他自己却天天晚上出去吃喝，说是有什么应酬。哼，谁会相信！你信吗？"

"对不起，"女主人再次打断对方，"我不认识你。"

"我知道，你当然不认识我。我这些话只能对陌生人讲，如果我对亲朋好友讲，还不弄得满城风雨。现在我说出来，舒服多了，谢谢你！"说完，听筒里传来了一阵忙音。

同学们，当你情绪低落的时候，你是自己独处，沉溺于低落的情绪之中，还是去找个人聊聊天呢？建议你多与他人交流。在与朋友交谈的过程中，你会感受到他人的关心、理解与支持，也许还能够听到一些好的建议。

也许你心中会有这样的问题——我该找谁倾诉呢？这要根据你的需要而定，一般情况可以找朋友、同学、老师、父母、亲戚等，他们比较了解你，因此能更加理解你的想法和感受。如果你想说的是心里的秘密，可能你更希望找个陌生人说说，就像上面故事中的"陌生女人"。当然故事中的"陌生女人"的做法可能打扰到了故事中的"女主人"，有些欠妥。其实还有很多的陌生人可以帮到你，例如各种热线电话、专业的心理咨询师，以及学校的心理老师等。

对情绪变化剧烈、心理反应敏感的人来说，倾诉是一种效果十分显著的解除消极情绪的方法，它具有简捷、易操作、收效迅速的特点。它使我们不至于一味地消沉下去。但那些引起情绪的事情或看法是不能仅仅靠倾诉的方法来解决的，因此我们要把握倾诉的度，过多的倾诉可能会适得其反，不但不能解决问题反而有可能加剧自己的消极情绪，同时也会影响到听你倾诉的朋友的情绪。所以在运用倾诉法的时候，要根据实际情况，通过正常的途径和渠道，把握好度，这样才能取得较好的效果。

2. 书写宣泄法

这天，斯坦顿（时任美国陆军部长）来到林肯那里，气呼呼地对林肯说，一位少将用侮辱的话指责他偏袒一些人。

林肯建议斯坦顿写一封内容尖刻的信回敬那家伙。"你可以狠狠地骂他一顿。"林肯说。

斯坦顿立刻找来纸和笔，开始写信，不久便写好了一封措辞激烈的信，递给了林肯。

"写得好，写得好！"林肯高声叫好，"好好训训这个没有礼貌的家伙。你真是写绝了，斯坦顿。"

余怒未消的斯坦顿听罢，把信叠好装进信封里，准备去寄信。

林肯马上叫住他，问道："你干什么去？"

"把信寄出去呀。"斯坦顿回过头来说道。

"不要胡闹。"林肯大声制止，"这封信不能发，快把它扔到火里烧掉。你知道吗？凡是生气时写的信，我都会这样处理。你写这封信的时候已经解了气，现在是不是感觉好多了？既然好多了，就请你把它烧掉，然后再写第二封信吧。"

人总会有生气的时候，这种不满情绪积累在心底是有害的，但如果反击回去或发泄给别人也不是上策。书写宣泄法就是让我们尝试着通过写信、写日记、绘画等形式发泄自己的情绪，但其作品永远是主人的秘密。林肯建议永不发出信件就是运用书写宣泄的典型方法。这种方法既宣泄了情绪又没有影响到他人，被公认为排解怒气和烦恼的良方。

詹姆斯·彭尼贝克（美国心理学家）曾让志愿参与实验的人表达出最使他们苦恼的情感，取得了良好的治疗效果。他的方法是让这些人连续五天左右，每天都花上十五到二十分钟时间用笔写出"一生中最痛苦的经历"，或当时"最让人心烦意乱的事情"。实验证明这个自我表白的做法有着惊人的效果。受试者的"免疫力"增强了，在实验之后的半年里去看病的次数大幅度减少，因病缺勤的天数也随之减少了，有些人甚至肝功能也得到一定程度的改善。实验还发现，受试者对其痛苦情绪越是无保留地表白，其免疫功能的改善程度就越大。

3. 运动宣泄法

北极地区的因纽特人有一种独特的丈量愤怒的方法：当他们愤怒到极点时，就会在冰雪大地上沿着一条直线走，一直走到自己的情绪逐渐缓和下来，然后停下脚步，回头看自己一路走来的脚印，心中便可丈量出这个愤怒的情绪有多长。

这是一种很好的摆脱消极情绪的方法。我们不可能成为没有消极情绪的人，但我们可以学习因纽特人宣泄情绪的方法，缩短消极情绪存在的时间。当你找到一种记录的方法来审视自己的情绪时，情绪的改变便有了数据可测量。因纽特人把情绪的变化用距离测量了出来，这次是1000米长的愤怒，下次就努力变成500米长的愤怒。我们也可以用其他方式来测量，例如时间。原地踏步直到情绪好转为止，记录原地踏步的时间，如果这一次的消极情绪持续1小时，争取下一次减少为40分钟。此外还有很多测量情绪的方法，同学们，开动脑筋想一想，找出一个适合自身特点和环境的方法。

20世纪60年代，乡村歌手兼作曲家丹·艾基拉风靡一时，可他的成功也并非一帆风顺。在他二十岁刚刚走上音乐道路时，就受到了失恋和音乐无人赏识的双重打击。

一次，借酒浇愁的丹·艾基拉从一个酒吧出来，碰上自己的邻居安德鲁。安德鲁举止疯癫，一头蓬松而杂乱的头发，长着奇怪的胡子。他和丹·艾基拉虽然见面会相互打招呼，但从来没有认真谈过话。

安德鲁目不转睛地盯着丹·艾基拉，口中说道："我们得谈谈。你很不对劲，'疯子'安德鲁都知道。"

丹·艾基拉向安德鲁述说了自己与女友分手以及音乐作品无人问津的事。安德鲁听后说："你随时都可以来找我，哪怕是深夜。如果我两天没见到你，那我就去找你。"

从此以后，丹·艾基拉连续两个多星期，几乎天天都去安德鲁家坐一坐。没过几天，安德鲁对丹·艾基拉说："现在我要安排你做个重要的事情，你必须干！"

丹·艾基拉愣了一下，接着便点头表示同意。

"把你的房子粉刷一下，房子刷成什么颜色呢？"他疯疯癫癫地朝丹·艾基拉笑着，"还是你定吧，不过，我建议用黑色。这是你送给自己的一件礼物。"

丹·艾基拉接受了安德鲁刷房子的建议，不过并没有用黑色。他脱下平时穿的西装，换上了蓝色的劳动服，挽起袖子，开始工作。从早到晚，他一心就惦记着粉刷房子的事。慢慢地，丹·艾基拉开始意识到"疯子"安德鲁的建议是多么高明。正是他的建议让自己沉浸在粉刷房子这件消磨时间的活动中，而随着时间的流逝，内心的伤痛开始消退了。

　　这便是活动改变情绪的方法。活动有助于减轻压力，对于身心都有极大的帮助。有些同学可能会说："我情绪低落时，根本不想动，只想静静地坐着。"不错，人在情绪低落时是容易这样的，就像故事中的丹·艾基拉。但是越是不想动，越应该动起来。于是邻居给了他粉刷房子的建议。房子还没有刷完，丹·艾基拉已经意识到了干这个活儿的意义。其实我们也不一定要做"刷房子"这么大的事，哪怕只是一个小小的运动，也能在短时间内宣泄消极情绪。例如打篮球、散步、听着欢快的音乐跳一跳等。总之，做你第一时间能够想到的，并且能够去做的运动就是了。

　　除了以上所说的倾诉法、书写宣泄法和运动宣泄法，还有一些能够使人迅速得到放松的方法，值得大家一试。

　　深呼吸：美国西北纪念医院的梅林达·瑞恩博士认为，冥想可以使人将精力集中在身心感受上，不再沉浸于反复的担忧中，有助于头痛等慢性疼痛症状的缓解。

　　具体操作方法：首先保持一种自己感觉最舒适的姿势（如稳稳地坐在椅子上），然后在心里默默地打拍子，吸气用4拍，屏气用7拍，呼气用8拍。

　　歌唱法：有些同学可能会说，深呼吸也太过简单了吧？我这样的人很难静下来。那你不妨试一试大声唱歌吧。歌唱法其实与深呼吸法异曲同工，都是在调节人的气息，让气息能够回到一个有节奏控制的轨道上来。当你的气息恢复了"秩序"的时候，你会发现情绪的强度也在慢慢地降低。中医认为放声歌唱可以有效地疏解肝郁，因此这个方法对平时比较内向，遇到烦心事比较喜欢闷在心里的人来说，是一个宣泄情绪的妙招。

　　具体做法：找一个不太会打扰到别人的环境，放声歌唱，不必太在意歌词及曲调，把你的情绪唱出来就好。坚持一段时间你就会发现，只要你一开始歌唱心情就会变得愉悦起来。

　　绘画减压法：生活中，许多人都非常喜欢随手涂鸦，只需要一张纸和一支笔随心所欲地在纸上画就行。这也是一种发泄的方式，能把我们从压力和消极情绪中解放出来。

　　做倒立：加州瑜伽养生法的创始人——贝丝·肖恩认为，在床上做个简单的倒立（俗称"拿大顶"）减压效果也很好。如果你的手臂力量不够，那就平躺在床上好了。躺好后把双腿抬起，与床垂直。如果还是吃力，把双腿靠在墙上也可以，这样既能放松紧张的肌肉，也能让大脑更清醒。

　　睡眠放松法：有专家认为，旺盛的精力是抵制压力的坚实盾牌，睡眠是保证精力旺盛的有效方法。

　　有的同学可能会说："不是我不睡，是睡不着！"是的，会有一些事情干扰到我们的睡眠。如果外面有噪声让你难以入睡，那你就试试制造"白色噪声"，让电视机一直小声地开着，盖过外界的噪声。又比如饥饿的感觉也会干扰睡眠，你可以睡觉前吃少量点心，这样就不至于因为饥饿而辗转反侧了。如果上床后突然想起了某些事情，那就在床头放个录音机或记事本，把脑子里想到的事情"放到"录音机或记事本里，就不怕因惦记事情而失眠了，也不用担心第二天醒来会忘记。

　　"打开情绪阀"就是允许情绪在生命中流淌。打开情绪阀门的方法有很多,需要提醒各位同学的是,宣泄情绪的目的在于摆脱情绪对我们的困扰，使我们能够跳出情绪影响的范围，清醒地看待自己以及影响到自己的那些事情,让自己更有能量去面对未来。如果宣泄情绪的方式只是暂时逃避痛苦，那么之后可能要承受更多的痛苦。人生不如意十有八九，所以当我们有了不舒服的感觉时，要勇敢地面对。你可以尝试着从接纳自己的现状开始，之后仔细思考一些问题，如：为什么这么难过、生气？我将来怎么做才不会重蹈覆辙？怎么做可以让我愉快起来？这么做会不会带来更大的伤害？

练习与拓展

一、想一想

1.请你在情绪一览表中圈出你曾有过的情绪。如果表中没有适合的词语可以补充。

情绪一览表

生气　恼火　高兴　喜悦　自在　泄气　后悔　心有余悸

心平气和　紧张　烦乱　伤心　害怕　开心　平静　感激

心花怒放　气急败坏　焦虑　苦恼　激动　沮丧　快活

丧气　迷茫　喜出望外　心灰意懒　痛快　舒畅　甜蜜

胆怯　心酸　消沉　为难　心旷神怡　怅然若失　伤感

痛心　气愤　愉快　舒服　冲动　胆战心惊　百无聊赖

痛苦　恐惧　庆幸　畅快　气馁　放松　厌倦　恼羞成怒

萎靡不振　震惊　茫然　扫兴　感动　困惑　内疚　无奈

无所适从　自惭形秽　悔恨　憋闷　坦然　无望　憎恶

眷恋　忐忑不安　彷徨　失望

其他：

2.列举你经常出现的一些情绪。

3. 请你从经常出现的情绪中选出希望缓解的一种情绪。继而想一想，自己愿意尝试前面介绍的哪种办法来缓解它？

二、做一做

我们每天都会与情绪相伴，而我们人生的幸福感与我们每天的心情有着千丝万缕的联系。你觉得你了解自己的情绪吗？你能够和它们和谐相处吗？要想与情绪和平共处，我们需要在现实生活中不断有意识地锻炼自己，并把这个过程记录下来以资借鉴。

1. 请你准备一个精美的笔记本，在封皮上写下你的名字，给这本日记起个名字，例如"心情札记"。

2. 每天用 5~10 分钟的时间来写日记。

3. 日记要围绕自己来写，记下你一天中所经历的情绪。尤其要关注并记录是什么使你的情绪得以平复以及好转，或记下你和情绪相处的一段美好时光。

4. 每天开始记日记时，第一件要做的事是注明日期。

还记得我们最开始看到的那篇日记吗？我们一起来看看后面又发生了什么。

6 月 20 日　　　　星期三　　　　晴

天气超晴朗，我的心情却是一般。

今天一天过得波澜不惊，只是有说不出的累。每个学期的期末复习总是要做许多卷子，写到手抽筋。除劳累之外，心里还有一种莫名其妙的不安和慌乱，做什么事都慌张得很。这两天天气也跟着凑热闹，简直要热死人，坐在我前面的那位仁兄，双脚还一直在那里不停地抖，搞得我心烦意乱！我到了忍无可忍的地步，于是踹了他一脚。这些是否属于考前焦虑症呢？唉……

现在我终于躺倒在自己的床上了，心情轻松了许多。回想今天踢人的那件事，也觉得有点儿对不住那位仁兄。我当时心烦意乱，一脚踹出后也有点儿

航 117

后悔，于是转身走出了教室。来到外面，迎面刮来了一阵风，我的心情轻松了一些。我深吸了一口气，接着"一吐为快"！决定回去跟他"有话好好说"。为踢他道歉，当然也请他别再抖了。到此 over（结束）。

冲动是魔鬼！切记！

这便是一份心情记录。

从今天开始写日记吧，尤其要记录你如何让自己的情绪缓和了下来。就像这篇日记中的这些文字："我当时心烦意乱，一脚踹出后也有点儿后悔，于是转身走出了教室。来到外面，迎面刮来了一阵风，我的心情轻松了一些。我深吸了一口气，接着'一吐为快'！"我们发现这位同学为了平复情绪做了两件事：一是离开教室，脱离了制造消极情绪的环境；二是做了深呼吸，让自己恢复理性思考。

冲破情绪茧

　　你听说过"作茧自缚"这个成语吗？当我们在现实生活中遇到难以忍受的困难，遭遇挫折的时候，一些人就会像蚕宝宝一样，蜷缩在情绪的"茧"中难以自拔。面对这样的情绪，我们可以做些什么让自己感觉好一些呢？

　　下面就让我们先感受一下"作茧自缚"时的心情。现在，请你试着调整呼吸，闭上眼睛，深深地吸气，再慢慢均匀地呼气。再一次，吸气，呼气。第三次，吸气，呼气。现在想象你自己是一条正在吐丝结茧的蚕，你将丝一圈圈缠绕在自己周围，你的视线被一圈圈的丝网遮挡起来，光线越来越暗，直到周围全部暗下来。此刻，你的心情是什么样的？这种心情在现实生活中多出现在什么时候？什么情况下？

识别情绪茧

下面，大家先来看一个《狐狸吃葡萄》的故事。

又是一年葡萄成熟的季节，果园的葡萄架上挂满了颗粒饱满、香甜可口的葡萄。这令人垂涎三尺的美味怎能逃过附近狐狸们的眼睛？它们个个蠢蠢欲动，准备上演一出"美味大作战"。

第一只狐狸来到葡萄架下，抬头一看，天哪！这葡萄架可是远远高出自己的身高哇！但一年才成熟一次的葡萄可是极品美味，就这么放弃太可惜了。它四下张望，发现了葡萄架旁边的梯子，忽然想起农夫曾经爬上它够高处的东西。于是，它就学着农夫的样子一节一节地向上爬去。最终，成功摘到了葡萄。直面问题，尝试解决的狐狸最终得偿所愿，满意地哼着歌凯旋。

第二只狐狸来到了葡萄架下，那仿佛在天空中闪耀的葡萄让它心生叹息。于是，它在心里念叨着："这葡萄看起来不错，但吃起来肯定是酸的，还是看看算了，我的牙可受不了酸葡萄。"想着想着，它心情平静地走开了。这就是心理学中经常提到的"酸葡萄效应"，也称为文饰作用或合理化解释，即以能够满足个人需要的理由来解释不能实现自我目标的现象。第二只狐狸的自说自话化解了求之不得的消极情绪。

第三只狐狸来到了葡萄架下，它刚刚被一本励志小说的主人公深深打动，站在高高的葡萄架下，不屈不挠的精神油然而生！心想：只要肯登攀，再高的山也能被我踩在脚下！只要肯努力，长得再高的葡萄我也能摘到！于是它不停地向上蹦跳，不达目的决不罢休！可是没过多久，它就跳得越来越低了。最后竟然劳累致死。这只狐狸执着地重复某种无效的行为，强迫而僵化，在亢奋的情绪中结束了自己的生命。

第四只狐狸来到葡萄架下，看到高高的葡萄架仿佛在嘲笑自己的矮小，于是怒从中来，破口大骂，拼命撕咬着垂下的葡萄藤。它疯狂的举动恰巧被路过的农夫发现，农夫扬起棍棒把它打跑了。这只狐狸难以遂愿，转而采取攻击行为，宣泄自己的恼怒，于人于己都有害无利。

第五只狐狸来到了葡萄架下，它抬头仰望高高在上的葡萄，忽然感到自己的身形竟然如此渺小，不禁悲从中来，感叹自己一年的等待换来的竟是如此悲惨的结果。就因为个子矮小，想吃个葡萄的愿望都满足不了！它越想越郁闷，无心会友，无心玩耍，无心觅食，最后郁郁而终。显然，持久的心情低落状态是这只狐狸自酿的苦酒。

第六只狐狸来到了葡萄架下，它发现葡萄架太高自己够不到，担心别的狐狸捷足先登，担心自己贸然爬上去会摔坏腿脚，又担心成熟的葡萄挂在枝头时间长了会烂掉，于是每天在葡萄架下打转干着急。不久它便出现了胃痛、消化不良的状况。这只狐狸一直不明白，自己一向很注意饮食，消化系统怎么会出现问题？原因很明显，它的过度焦虑，使心理上的痛苦转化成了躯体上的疾病。

第七只狐狸来到了葡萄架下，看到高挂的葡萄，心里暗自思量：我吃不到，其他狐狸兄弟也一样吃不到，既然谁都没尝到甜头，那就无所谓了，反正大家都一样倒霉。这只狐狸的行为在心理学中称为"投射"，它把自己的愿望与动机归于他人，断言别人也有相同的动机和愿望。当遇到超越自己能力范围的挑战时，用这样的方式安抚了自己焦灼的心。

第八只狐狸来到了葡萄架下，它先试着助跑跃起够那高高的葡萄，结果折腾了几次没有成功。它又试着告诉自己："不要去想葡萄。"结果发现葡萄那诱人的味道却总是在脑海里萦绕。当听说有狐狸居然吃到了葡萄时，它更加郁闷，不禁妒从中来。它向农夫告发了吃到葡萄的狐狸。看着被抓起来的偷吃葡萄的狐狸，它心中暗爽："哼！我吃不上，你也休想快

活！"这只狐狸虽然一时得意，但实际自己仍然一无所获。

　　第九只狐狸来到了葡萄架下，当然也是够不到葡萄啦。"听别的狐狸说，有一种叫柠檬的水果味道也蛮不错的，估计和葡萄也差不了多少！反正我一时也吃不到葡萄，尝尝柠檬的滋味也不错！"它这样想着，心情也平和了不少，轻松地离开去寻找柠檬了。这只狐狸以一种自己可以达到的方式来代替自己不能实现的愿望，用替代转化了自己的消极情绪。

　　第十只狐狸来到了葡萄架下，抬头看到果实累累的葡萄，虽然并不遥远，却难以够到。它没有怒不可遏，也没有哀伤叹息，而是感慨美好的事物常常与自己保持着一段微妙的距离，而留有一点幻想的距离感却又那么美妙！于是，才思泉涌，诗兴大发，洋洋洒洒写出了一本《狐狸与葡萄》的诗集。借助"置换作用"，狐狸升华了自己的情感，把求之不得的失落转化为精神领域的愉悦和满足。

　　怎么样？同样都有想吃葡萄的动机，每只狐狸最终的结果却不相同。如果我们给每一只狐狸取个代号，那么从 1~10 则依次为：智慧狐、酸葡萄狐、强迫狐、狂躁狐、抑郁狐、焦虑狐、投射狐、嫉妒狐、转移狐、升华狐。如果我们把故事中困在情绪茧（消极情绪）中无法自拔的狐狸称为"茧中狐"，那么摆脱了消极情绪，健康稳定的狐狸则被称为"自在狐"。这10 只狐狸分别会出现在哪个阵营中呢？请你将它们的代号写在相应的阵营中。

茧中狐

自在狐

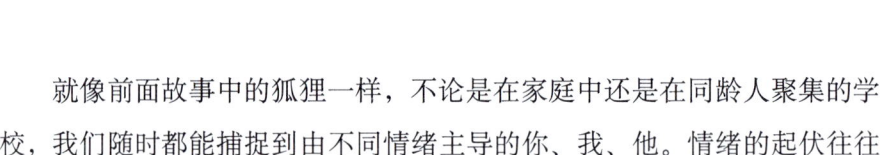

就像前面故事中的狐狸一样，不论是在家庭中还是在同龄人聚集的学校，我们随时都能捕捉到由不同情绪主导的你、我、他。情绪的起伏往往和一些发生在我们身边的事情相关。

七年级女生璐璐刚刚转到一所新学校，近期情绪低落，甚至不想去上学。在与心理老师交流的过程中，她流露出对原来学校、老师、同学的眷恋，谈到自己曾经是班长和文艺骨干，原来都是同学们围绕在她的周围，现在她却孤零零地没一个朋友。一想到这种处境，她心里就有说不出的难受，真不想再迈进学校一步。

从表面分析，导致璐璐消沉、忧郁的事件是转学。但是她自己对于转学的看法比事情本身对情绪的影响更大。璐璐主观地认为新学校的老师、同学没有原来的好，关闭了与他人交流的通道，也没有及时转移消极情绪，陷入了忧郁的情绪茧中。

七（2）班的李丽，最近数学成绩下滑明显，班主任老师找她谈话时发现，她对数学老师似乎有些抵触。细问之下才知道，原来前一段时间数学老师上课叫她回答问题时，正巧她在给同学递东西，老师批评她上课不专心，让她感觉当众出丑了。所以现在看见数学老师就有说不出的难受，做数学题时也会想起老师批评她的画面，于是更加反感，学数学的劲头越来越小了。

　　李丽因为感受到当众挨批的尴尬，并把这种尴尬扩大为对老师乃至数学学科的反感，最终受到影响的是自己的学习成绩。这样处理情绪的方式显然是于己不利的。

　　情绪茧的形成往往是由我们不合理的信念，过度、偏差解读某一件事的影响，或者因为逃避问题的解决而使自己牵绊在情绪的旋涡里造成的。前文中对不合理信念有很详细的解读，在此不再赘述。要想摆脱情绪茧的束缚，我们就要在识别问题的基础上不断寻找适合自己的破解方式。下面重点介绍几种转移和升华情绪茧的方法。

破茧成蝶术

1. 转移调适法

　　有一个获得凯迪克大奖的绘本故事，它的主人公是一个叫菲菲的小姑娘。我们先来看看菲菲的表情，感受一下她此刻的心情。

　　这表情太生动了！想必你已经被菲菲的怒火"烤"到了吧？

是的，这个故事就是从菲菲和姐姐争抢玩具失败引发的愤怒开始的。也许你会说："这也太小儿科了吧？我们早就过了抢玩具的年龄了。"先别急，"怕失去""求公平""本应该"的想法可是不论年龄大小都会存在的，只不过我们现在面对的不再是玩具而是对我们更为重要的友情、尊严和信任等。下面接着讲故事。菲菲带着满腔怒火跑出了家门。她在家附近的树林里跑啊跑，一直到跑不动。然后，她又哭了一会儿。她看了看树林里的石头、大树和小草，侧耳听到了鸟叫声。她爬上了老榉树，感觉到微风拂发，望到远处的流水和浪花，感受到自己的心绪得到了广大世界的安抚。故事的结尾想必你也一定猜到了。是的，菲菲平静地回到了温暖的家中，和姐姐、爸爸、妈妈欢聚一堂。

这个看似简单的故事却充满了温情和智慧。当我们的情绪像火山爆发一样难以遏制的时候，觉察到自己的情绪是重要的第一步。这需要我们诚实地面对自己，打开感觉的通道，细心捕捉身体的信号。但是当情绪的能量比较强大时，我们用理智直接与其抗衡往往收效甚微，甚至会适得其反。此时，最好的方式就是菲菲使用的"转移调适法"。

转移调适法可以分为环境转移法和活动转移法。

（1）**环境转移法**。菲菲采用的就是这种方法。我们常说换个环境换种心情。当我们陷入某种激烈的情绪时，头脑往往被塞满了和这种情绪相关的情境。如果能够切断情绪和这些情境的连接，并以新的刺激替代原有的情境刺激，原有情绪也会随之减弱直至达到合理的区间。正如法国著名作家莫罗阿所言："最广阔、最仁慈的避难所是大自然。森林、高山、大海之苍茫伟大，和我们个人的狭隘渺小对照之下，把我们的痛苦抚慰平复了。"当我们走进苍茫天地间，感受一花一草、一沙一石的浑然天成，聆听鸟叫蝉鸣、流水落英的精妙绝伦，那些纷扰、激荡的情绪终会归于平静。

（2）**活动转移法**。心理学家研究发现，当消极情绪反应出现时，大脑中只有一个兴奋点。如果在此时另建一个新的兴奋点，就可以冲抵原来的兴奋中心。这样我们就能逐渐从消极的情绪茧中解脱出来。音乐、阅读、运动、绘画、做手工等活动都可以作为转移兴奋点的理想选择。重要的是，要在你的学习生活中找到能给自己带来乐趣且有益身心的活动。

美国心理学家费尔德提出了一种转移愤怒情绪的新方式——数颜色。

当你对某些人或者某件事心怀不满，甚至到了怒不可遏，想要大发雷霆的时候，请暂停手边的事，找个没人打扰的地方，不论是房间还是操场，做下面的练习。（如果你没法立即离开这个令你生气的情境，例如正在听家长、老师教诲，那么你也可以就在当场进行以下的练习）

首先，环顾四周的事物，然后在心中自言自语：

1. 这个桌子是黄色的；

2. 桌上的花是粉色的；

3. 这支钢笔是金色的；

4. 他的衬衫是白色的；

……

延续上面的数法，一直到数字12，在二三十秒中，发现和辨识自己所处环境中多种事物的颜色，这就是"数颜色法"。

这个看似简单的方法建立在心理学研究的基础上，具体来说就是一种用身体的生理反应来控制心理的情绪反应的方法。当一个人怒火中烧的时候，肾上腺素的分泌导致肌肉逐渐紧绷，血流速度加快。随之，人的身体做好了"应战"的准备。当愤怒情绪递增，我们的注意力转移到内心的感觉时，理性思考能力减弱，某些生理功能也暂时被削弱了。

举例来说，我们在气头上时，视觉、听觉的神经都不如平时敏锐。所以有人在发怒时感觉眼前一片模糊，耳中也嗡嗡作响，心里全被不满的情绪掌控，满脑子只想着怎样找回自己的尊严。

此时，借助数颜色法可以促使感觉焦点转移，强迫自己再度恢复灵敏的视觉功能，再度激发大脑去理性地思考。当你一个一个地数完颜色时，其他理性的想法也会随之恢复。此刻，你会发现自己平静了许多。这时再想想"我该怎么应对眼前的情况"，是不是会更从容些呢？

2. 补偿转移法

在介绍补偿转移法前，同学们先读一下这篇六年级小学生的文章。在阅读过程中注意感受一下她在生活中是如何应用补偿转移法的。

人的一生都会遇到烦恼，无论是大人还是小孩。

有一个烦恼一直困扰着我，这就是我老不长个儿，直到现在六年级了才130厘米高。

自从一上学，我就是班里最矮的一个，也是全年级最矮的一个。当时我没有太注意，随着年龄的增长，越来越多的同学都长高了，都超过我一头多了，我才意识到我很矮。同学们总是问我："为什么你还那么矮呀？"我也只是以"我也不知道"来回答。调皮的男同学有时还会叫我"小豆豆"，真是让我又气又恼。我也经常伤心地问自己："我为什么老是这么矮呢？"

现在，我越发感到矮给我带来的不愉快。体育课上我们会打篮球，我虽然能抢到球，但是由于篮筐太高我投不进去，所以体育课上的篮球赛我基本上是板凳队员；和同学在路上走，我总会被误认为是同学的妹妹；在班里，同学们不让我擦黑板，因为我根本够不到黑板的中上部……怎么办呀？我越来越觉得自己是那么渺小。

我把心中的不愉快告诉了爸爸妈妈。他们更是着急，每天陪我锻炼，给我准备营养丰富的饭菜，还给我买了钙和维生素。甚至在假日里还带我去了儿童医院看医生，可医生的回答是我很健康。

在回家的路上，郁闷的我不知怎么是好。无意中我看到车内电视上正

播放着体操比赛的录像：运动员个个身轻如燕，动作矫健，连贯优美的体操动作赢得了观众的阵阵掌声。对了，体操运动员个子都不高，但他们为祖国赢得了荣誉。还有矮个子的潘长江，多招人喜欢。潘长江还说过"浓缩的都是精华"，所以可以说我到处都散发着活力呀！再想想，爸爸妈妈也并不太高，但是他们都是了不起的。他们都是生活中的强者，在我的成长过程中给了我无限的爱。他们也都是工作中的佼佼者……在我的心中并不高的父母是那么伟大！想着父母每天为我所做的一切，想着医生的话，我突然感到：高与矮很重要吗？健康快乐才是最重要的呀！

看得出来，这一路上父母也不高兴，他们几乎没有说一句话。于是想通了的我忙让他们看车上的体操比赛，还给他们讲了《骆驼和羊》和《晏子使楚》的故事。他们笑了。

后来我慢慢地发现，长得矮还真的有许多好处呢！比如：矮个子可以坐第一排，可以清楚地看见黑板上写的字，即使老师把字写得很小我也看得见。而且坐前排还可以听清老师讲话，哪怕老师说话的声音很小。还有一点也让那些高个子对我心生羡慕：因为我个子小身体又比较灵活，所以在学校举行的"一带一"的跳绳比赛中，我是香饽饽，许多同学都找我做搭档。因为我小巧玲珑嘛！

个子矮已经不再是我的烦恼了。现在，我每天都锻炼身体，并不单纯是为了长个儿，更多的是为了拥有健康的身体和快乐的生活。

文中的同学因为个子矮小陷入沮丧的情绪中，后又因为发现了矮个子的好处得到了心理的补偿，进而成功转移了消极情绪。正所谓"东边不亮西边亮""失之东隅，收之桑榆"。

在运用补偿转移法的过程中，要特别注意避免过度补偿的发生。在生活中，我们有时会发现有些人为了迎合他人，赢得别人所谓的尊重，完全不顾自己的经济实力、时间成本和人格尊严，做了很多委曲求全的"好事"，

结果却迷失了自己。例如，小林家境一般，长相一般，学习一般，平时在班里也没什么人关注，但每到同学过生日她却常常出手阔绰。看着同学拿着自己送的高档礼品，小林的信心和满足感爆棚。

同样是转移，有的人将转移投注于更加健康积极的活动中，来补偿被弱化的自我；而有的人则过度依赖物质或者他人的评价。其中的优劣分寸你一定已有所觉察。

3. 心灵升华法

当一个人的欲望和行为不能直接表现出来，不能被社会（环境）所允许，或是遭受严重挫折时，为了避免心理创伤而暂时压抑一下自己的欲望和痛苦，继而把心理能量导向崇高的境界，即升华心理。心灵升华法是基于升华心理的一种积极调适消极情绪的方法。它能使人们理智地跳出痛苦的旋涡，化悲愤为力量，自强不息，坚韧不拔，以事业的成就去疗愈心灵的创伤，从而获得新的、更高境界的愉悦。我们先来看一个小故事：

因为爸爸妈妈常年在外地工作，洛洛和外婆一起生活。洛洛的邻居小梅常邀请她到家里做客。看见小梅的爸爸妈妈对小梅无微不至的照顾，洛洛心里很不是滋味，一度还产生了嫉妒的情绪，不愿面对小梅。每当看到小梅一家其乐融融的景象时，洛洛就躲进自己的房间里画插画，把她看到的每一个故事都配上自己手绘的图画。时间一长，她还开始创作属于自己的故事和插画。在她的插画故事中，出现了一个开朗热情的女孩，她的发型和笑容都像极了小梅。她把自己的插画作品拿给小梅一起欣赏，得到了朋友和她家人的一致赞赏。洛洛由此走出了嫉妒的阴影，还感受到了来自朋友的家人般的温暖。

孤独落寞的洛洛因为插画创作摆脱了嫉妒情绪的旋涡，升华了心灵，

成为自己情绪的主人。

古今中外，众多志士先贤都是在境界的升华中，谱写了绚烂的生命乐章。我国历史上将挫折升华为创造力的典范之一就是被尊称为"史圣"的司马迁。作为汉武帝时期的太史令，他一心想继承父亲的遗愿，完成史书的编写工作。正当他收集整理了大量史学资料，准备全力以赴撰写《史记》时，不幸卷入了李陵事件，险些被处以死刑。为求夙愿达成，他忍受屈辱以官刑换取性命。面对身与心的极度摧残，司马迁并未绝望，而是将他的痛苦、悲愤、爱和恨倾注于笔端，完成了被称为"史家之绝唱，无韵之离骚"的《史记》，为中国史学界树立了一座不朽的丰碑。

另一位生动诠释升华意蕴的文人就是大名鼎鼎的苏轼。他在文、诗、词三方面都具有极高的造诣，堪称宋代文学成就的代表。而且苏轼的创造性活动不局限于文学，他在书法、绘画等领域的成就也很突出，对医药、烹饪、水利等方面也有所贡献。苏轼如此丰富的创作与他起伏跌宕的仕途相伴。苏轼一生多次被贬谪，最远的一次是在他62岁高龄时被贬至儋州（今海南省儋州市）。试想在交通不便的北宋年间，这样的山高路远和凄凉晚景该有多少郁结的愁绪困扰本自高洁的文人！然而，苏轼却以进退自如、宠辱不惊的人生态度对待这些艰险沟壑，以宽广的审美眼光拥抱大千世界，所以感到凡物皆有可观，到处都能发现美的存在。他的审美态度也为后人提供了富有启迪意义的审美范式。

维克多·E.弗兰克尔教授在第二次世界大战期间，与父母、新婚的妻子一起被关进了德军集中营，饱受折磨和虐待，后来仅有他一人坚强地存活了下来。失去亲人的悲痛促使弗兰克尔开始审视生存的意义，并成为心理学界著名的维也纳第三心理治疗学派——意义治疗与存在主义分析的创始人。

她的出生不被父母欢迎，只得在书籍中寻找快乐；她的婚姻充满痛苦，离异后穷愁潦倒，独自抚养幼女。在无比困窘的现实面前，她没有放弃文

学梦想，用心底对爱和温暖的渴望构筑起奇幻卓绝的魔法世界，为千万人的童年带去慰藉、勇气和希望。她就是 J．K．罗琳——"哈利·波特之母"，在苦难中升华心灵的又一典范！

升华使消极情绪逐渐消退，同时建立起一个新的正向且充满意义的行为方式。从个体角度看，这样的行为往往会给人带来学业、事业上卓越的成就。从整个社会而言，升华也会形成强大的创造力和影响力，促成人类物质文明和精神文明的丰富多样。

练习与拓展

一、想一想

请写下你认为自己身上存在的一些难以改变的、却令自己感到苦恼的缺憾。

如：个子比同龄人低。

1.＿＿＿＿＿＿＿＿＿＿＿＿＿＿＿＿＿＿＿＿＿＿＿＿＿＿＿＿

2.＿＿＿＿＿＿＿＿＿＿＿＿＿＿＿＿＿＿＿＿＿＿＿＿＿＿＿＿

3.＿＿＿＿＿＿＿＿＿＿＿＿＿＿＿＿＿＿＿＿＿＿＿＿＿＿＿＿

针对以上缺憾，分别找出一种能起到补偿转移作用的活动来弥补它给你带来的痛苦。

如：为人热情，开朗随和。

1.＿＿＿＿＿＿＿＿＿＿＿＿＿＿＿＿＿＿＿＿＿＿＿＿＿＿＿＿

2.＿＿＿＿＿＿＿＿＿＿＿＿＿＿＿＿＿＿＿＿＿＿＿＿＿＿＿＿

3.＿＿＿＿＿＿＿＿＿＿＿＿＿＿＿＿＿＿＿＿＿＿＿＿＿＿＿＿

还记得"酸葡萄狐"和"投射狐"的故事吗？它们在后来的生活中可能

会发生什么情况呢？请尝试续写两只狐狸的故事。

　　第二只狐狸来到了葡萄架下，那仿佛在天空中闪耀的葡萄让它心生叹息。于是，它在心里念叨着："这葡萄看起来不错，但吃起来肯定是酸的，还是看看算了，我的牙可受不了酸葡萄。"想着想着，它心情平静地走开了。

_____

_____

_____

_____

　　第七只狐狸来到了葡萄架下，看到高挂的葡萄，心里暗自思量：我吃不到，其他狐狸兄弟也一样吃不到，既然谁都没尝到甜头，那就无所谓了，反正大家都一样倒霉。

_____

_____

_____

_____

　　当你完成故事续写后，对于两只狐狸处理情绪的方式有什么新的发现？这两种方式的利与弊分别是什么？

_____

_____

_____

二、做一做

请在纸上写出 5 件你认为近期最让你担心或烦恼的事情。

（1）_____

（2）_____

（3）_____

（4）_____

（5）_____

写完后，请你把纸叠起来，放进一个空盒子里。

一个星期后，请你打开盒子取出这张纸条，大声念出你写过的这 5 件事。想一想，哪件事发生了？哪件事没有发生？发生的事情是否失去控制？没发生的事情还是不是你的烦恼？

_____

_____

_____

看到这个结果，你有什么样的感受？

_____

_____

在现实生活中，愤怒、厌学、考试焦虑等消极情绪可能会悄悄来到我们身边。如果没有及时觉察和恰当处理，它们会对我们的自我评价和性格塑造产生消极影响，使我们学习效率降低，人际困扰频频。如何恰当地表达和应对愤怒？怎样走出厌学情绪？当科学地看待考试焦虑后，过度焦虑怎么办？带着这些问题，让我们一起迎接实境挑战，不断提高自己调控情绪的技能吧！

智闯情绪岛——实境挑战

制怒有良方

　　情绪伴随着我们每天的生活，会随着我们经历事情的不同而不断地变化，就像天气一样，有的时候晴空万里，有的时候阴云密布。面对消极情绪，尤其是愤怒这样的激烈情绪时我们需要学会管理它、调控它，把这种消极情绪进行有效的消解和转化，用理智的方式进行表达和宣泄。那么什么是愤怒呢？这种情绪到底会给我们带来多大的影响呢？

　　我们先来读一个小故事。

　　1965年9月7日，在美国纽约举行了一场世界台球冠军争夺赛。美国选手路易斯·福克斯表现突出，成绩遥遥领先，大家都认为冠军非他莫属。但是在一场关键局的比赛中，戏剧性的一幕发生了：一只苍蝇落在了路易斯准备击打的主球上。面对这个不速之客，路易斯很生气，他挥动球杆把

这只讨厌的苍蝇轰走了。然而当他再次俯身准备击球时，被赶跑的那只苍蝇居然又飞了回来，并且神奇地再次落在那个主球上。这时在场的观众忍不住哄笑起来。这可把路易斯惹火了，他愤怒地挥动球杆，将那只苍蝇再次赶走。正当他调整情绪准备去打主球时，那只刚刚飞走的苍蝇竟然再一次飞了回来，并且又准确地落在了那个

主球上。几次下来，路易斯的情绪糟糕到了极点，他失去了理智，难以抑制的愤怒让他连续发挥失常，最终输掉了比赛。

第二天凌晨，人们在河中发现了路易斯的尸体。原来恼怒万分的他心灵受到了极大的伤害，他选择用这种极端的方式来摆脱这次比赛带给他的影响。

读完这个故事，你有什么样的感受？在日常生活中，我们是否有过路易斯这样的经历呢？是否也会因为一些小事气急败坏呢？

 ## 什么是愤怒

愤怒是当强烈的愿望受到不合理的压抑，尤其是努力追求的目标受到无理的或恶意的阻挠和破坏，从而造成挫折或失败时的情绪体验。它属于一种消极的感觉状态，通常由他人的不敬、贬低、威胁或疏忽等行为引起。愤怒会激发报复行为，有数据显示，约25%的愤怒事件涉及报复的念头。

从心理学角度看，愤怒会阻碍情感交流，进而产生内疚、沮丧等消极

情绪。愤怒是人类正常的生理反应，但这并不意味着我们就可以任由愤怒随意宣泄。当愤怒即将来临时，我们的身体会出现一系列的信号来告知我们，如脸涨得通红，心跳加快，呼吸急促等。如果你能觉察到身体的这些征兆，最好设法在愤怒失控之前将其置于有效管理之下。

愤怒的影响

愤怒到底会给我们带来多大的影响？相信同学们看过前面的那个故事后已经有了一些认识。同时，结合自己日常生活中对愤怒的理解，也会有一些认知。今天我们就来做个总结，一起了解一下这个"愤怒怪"的威力吧！

1. 有害身体健康

其实我们都需要让自己的情绪处于一个平稳的状态，因为过度激烈的情绪会对我们的身体造成不同程度的影响甚至损伤。中医常说"怒伤肝"，那么怒气真的会伤害我们的肝脏吗？"怒"，指人遇到不合理的事情，或因事未遂己愿，而出现的气愤不平、怒气勃发的现象。当人发怒时，正常舒畅的心理环境就被破坏了，肝失条达，肝气就会横逆。因此，当我们生气的时候，我们的两肋会不舒服，会不想吃饭，有时候会腹痛甚至出现吐血等严重的症状。

同时，现代医学认为，人愤怒时会分泌过多的胃酸，而胃酸过多就会影响神经系统、消化系统的功能，降低人体免疫力。现实生活中也发生过因为发怒而猝死的事情。

2. 因小失大，损害核心利益

在我们每个人的内心深处，都有一个怪物，它就是"愤怒怪"。这个

怪物会让我们有的时候丧失理智，不分青红皂白地发火，造成无法挽回的影响。

公元前203年，楚汉战争进入关键时期。项羽为了赢得战机先要解决军中严重缺粮的问题。他决定突袭彭越，打通运粮通道。出征之前，他对派谁守城一直犹豫不决。最后，他决定派大司马曹咎来守城。临行前，他把曹咎叫到跟前，特意叮嘱他说："你的任务就是守城。这期间如果汉军来挑衅，你不要出城应战，只要牢牢守住城门就行，千万别上了汉军的当啊！我出征彭越只要半个月的时间，你只要牵制汉军不让他们东进就行，其余的事情等我回来再做打算。"

在项羽出征之后的几天里，曹咎还能牢牢记住他的嘱托，自己的任务是守城。在这期间，无论汉军怎么挑衅，他就是按兵不动。但是时间长了，曹咎忍受不了汉军的谩骂与挑衅，一气之下出城应战，把项羽的叮嘱完全抛在了脑后。结果在半渡汜水的时候中了敌人的奸计，导致全军覆没。

成皋失守之后，项羽方面损失惨重，也逐渐丧失了在楚汉战争中的主动权。

这个故事的结局是全军覆没，成皋失守。起因是汉军骂阵，而罪魁祸首却是我们无法控制的愤怒情绪啊！因此，我们一定要认识到管理自己情绪的重要性。无论是为了自己还是他人，我们都要下定决心驾驭这只"愤怒怪"。

3. 造成人际关系的紧张和恶化

如果你生气发怒时，对人恶语相加，你可能会有一种发泄的快感。但是对方呢？他会理解你的情绪吗？他会分担你的痛苦吗？我想答案应该是否定的。因为你那种敌视的态度、充满火药味儿的语气，只能使对方更加排斥你，甚至讨厌你。即使你事后做出道歉，也无法消除给别人带来的伤害。下面我们来看看《坏脾气与钉子的故事》。

有个脾气很坏的小男孩，遇到事情经常发脾气，搞得全家鸡犬不宁。为了帮助这个小男孩学会控制情绪，他的父亲想了一个办法。一天，他给小男孩一大包钉子，要求他每发一次脾气都必须用铁锤在他家后院的栅栏上钉一颗钉子。小男孩觉得这很有趣，就照办了。第一天，他竟在栅栏上钉了 37 颗钉子。

过了几个星期，小男孩逐渐意识到钉钉子不是一件愉快的事，就开始主动地控制自己的愤怒。就这样他每天钉钉子的数目逐渐减少。他发现控制自己的坏脾气比往栅栏上钉钉子要容易多了……最后，小男孩变得不爱发脾气了。

他把自己的变化告诉了父亲。他父亲随即建议他说："如果你能坚持一整天不发脾气，就可以从栅栏上拔下一颗钉子。"经过一段时间的努力，小男孩终于把栅栏上所有的钉子都拔掉了。他开心极了。

这时父亲拉着他的手再次来到栅栏边，对小男孩说："孩子，你做得很好。但是，请你仔细看一看这些栅栏，虽然钉子被拔出了，但却在它们上面留下了很多小孔，它们再也回不到原来的样子了。这就如同当你向别人发过脾气之后，你的语言其实就像这些钉子孔一样，会在人们的心里留下疤痕。你发的脾气越大，这种伤害就越大，无论你说多少次'对不起'，那伤口依然存在。这是无法改变的事实。希望你知道：口头上对人们造成的伤害与伤害人的肉体没什么两样。"

　　请大家回忆一下，你有没有经历过别人对你发泄愤怒或者你对别人发泄愤怒的情况？愤怒是不是像上面那个小男孩的父亲说的，在彼此的心里留下了"疤痕"？因此请大家记住，发怒会引起别人的反感或敌视，进而造成人际关系的紧张。

 ## 产生愤怒的原因

　　到底什么会引起我们的愤怒呢？我们只有找到引发这种情绪的原因，对症下药，才能有效地调控它。

1. 需要未被满足引起的愤怒

　　著名心理学家马斯洛提出了需要层次论，他认为人具有五个层次的需要。当我们的需要得不到满足或者被剥夺时，愤怒就会随之而来。因此在日常生活中，愤怒的很重要的一个意义就在于，它在用这样的方式给我们一些提示：我们的需要没有得到满足。

　　在学校心理咨询的案例中，常会有一些中小学生出现害怕上学或者不愿意上学的情况。这种情况发生的原因可能就是学生的某种需要没有得到满足，比如社交需要，即爱和归属的需要。他们感受不到学校、老师和同学对自己的尊重和包容，就会出现归属感的缺失。有一个真实的案例：六年级某班一位同学的手机丢了，老师要求全班同学通过揭发找出小偷，找到手机。其中一名学生觉得这种处理方式十分暴力，非常糟糕，因为他认为每位同学都有隐私权，他感到自己没有被尊重，因此失去了对班级归属感的需要，不想去学校了。

　　其实愤怒不仅反映在儿童身上，在成年人中更是普遍存在。有一些年轻人，他们的自我实现需要——马斯洛需要层次论中最高层次的需要——

得不到满足。他们感到自己的生活或工作完全不由自己支配，总是被父母、上司，或者周围环境所左右，而自己的潜能无法得到发挥。长此以往，他们会对这种一成不变的生活状态感到愤怒。

因此，愤怒传递着这样一个讯息：也许是我们某个层面上的需求没有得到满足，或者曾经满足过又被剥夺了。当人们开始对自己、对他人、对环境感到愤怒和不满时，是在暗示我们某种潜在的需要。从另一个角度来说，愤怒的积极意义在于：如果我们在日常生活中一味地控制和管理自己的愤怒，那我们有可能就会丧失觉察和满足自己需要的能力，变得越来越压抑。

愤怒的产生与需要得不到满足有关，这就意味着愤怒随时存在于我们的生活中，我们可以允许或者接纳这种情绪的存在，但这并不意味着当我们的需要无法被满足时，就一定要用愤怒这种方式来表达。我们可以从需要的角度入手，用合理的方式来表达自己的需要，这不但能够很好地控制我们的愤怒，还能不断地帮助我们走向内心的成熟。

2. 边界不清引起的愤怒

每一个人都有两种生存空间——物理空间和心理空间。物理空间是有形的，心理空间则是看不见摸不着的，心理空间与外界的界限被称作心理边界。

有些愤怒就是因为我们无法设立一个合理的心理边界或者我们没有尊重别人的心理边界引起的。例如：有一个学生想参加机器人社团，而其父母觉得他参加这样的社团会影响学习，所以坚决不同意。父母的这种做法其实就破坏了孩子的心理边界。首先，参加机器人社团的意愿来自学生，是学生参加，而不是父母参加。其次，参加社团与学业成绩之间并没有呈现出负相关关系，并不是说参加社团一定会影响学业成绩。父母没有调查就主观臆断，会造成不愉快的后果，可能引起学生的愤怒和反感。

既然有一类愤怒是与边界不清有关，那么我们就来学习一些建立合理、安全边界的原则和方法。例如安全边界三原则：不伤害自己、不伤害他人、不伤害环境。

引起我们愤怒的原因还有很多，我们需要对自己的内心进行一次梳理，只有这样才能在了解原因的基础上学会更好地调控自己的情绪，一举降服"愤怒怪"。

 ## 调节愤怒的方法

愤怒是一种强烈的情绪，像狂风暴雨，像脱缰的野马。如果不及时调节，就可能造成破坏性后果。那么调节愤怒的方法有哪些呢?

1. 了解发怒前的一般征兆

一般情况下，发怒前都会有征兆。如果我们提前了解这些征兆，就可以有意识地把愤怒的情绪遏制在萌芽状态。发怒前的征兆一般包括认知征兆、感觉征兆和行为征兆等。

（1）认知征兆表现为自我认知上的问题。如果在认知层面出现"他以为自己是谁呀?""我才不受他的摆布呢!""等着瞧，我要教训他!"这样的话语，那我们就要小心了，因为你的"愤怒怪"可能要冲破牢笼了。

（2）感觉征兆表现为心理和生理上的变化。如在心理上感到挫败、无力、怨恨等。在生理上出现肌肉紧张、胃痛、头痛、手掌冒汗、心跳加快、呼吸加速等。

当你出现类似这样的症状时，就应该意识到你的怒气已经快要控制不住了，这时你需要通过调整呼吸和放松肌肉的方式来减缓感觉方面的影响。

（3）行为征兆则是一些过激的动作或行为。例如不停地走动，大喊

大叫，骂人，毁坏东西，等等。

如果出现了这样的行为，你就已经在发怒了，需要尽快停下来进行调整。

2. 找到使自己感到愤怒的关键点

"知己知彼，百战不殆。"想制服敌人首先要全面地了解它，对待愤怒这个问题也不例外。我们首先要了解自己的愤怒敏感区在哪里，只有这样才能有效地调控自己的愤怒情绪。

以下问题可以帮助你找到愤怒敏感区。

（1）你容易被哪些人激怒？

（2）你容易被哪些人的行为或者言语激怒？

（3）你表达愤怒的方式有哪些？

（4）你表达愤怒的这些方式中哪些是合理的？哪些需要调整？

3. 学会处理愤怒的一般步骤

（1）先冷静 10 秒，然后问一下自己：我为什么会生气？

（2）向对方适当表达自己的感受。

（3）问对方为什么要说那样的话，或者做那样的事。

（4）比较对方的解释和你的推测。

（5）再次表达自己的情绪。这次要换一种方式来表达。表达时注意：专注于对方的行为而非性格；专注于表达自我感受而非主观臆断对方人格；多用"我"的句子表达，而非"你"的句子表达；专注于对事实的观察而非推断对方的动机。

（6）对比两次情绪的变化，然后做出进一步的选择。比如：离开，调整呼吸等。

4. 转移注意力

我们感到愤怒的时候，大脑皮层就会出现一个较强的兴奋中心。此时如果我们尝试转移一下注意力，比如听听音乐、唱唱歌、看看真人秀等综艺节目或者搞笑的段子等，在大脑皮层建立另一个兴奋中心，就可以减弱或抵消原来的兴奋中心，怒气就会慢慢地减弱甚至消失。这是一种积极有效的制怒方法。

5. 找到合理的宣泄方式

人的心理承受能力是有限的，长时间的愤怒会损害我们的身心健康。宣泄可以帮助我们排解消极情绪，使心理暂时达到一种平衡的状态。但是宣泄的方式要合情合理，这样对自己、对他人都是有益的。例如：可以写日记，实现自我剖析和自我安慰；可以跑步、打球、健身，通过运动的方式来宣泄自己的消极情绪；可以找别人倾诉，寻求情感支撑；可以唱唱歌，听听音乐，运用音乐净化自己的心灵；可以读读书，在书海中陶冶自己的情操；等等。总之，我们一定能找到适合自己的宣泄方式，把我们的"愤怒怪"彻底赶走。

6. 注意休息

根据心理学家盖特的研究，人们在星期五发火的概率比星期一高很多。因为星期五是一周工作学习的结束，疲劳逐日增加，到星期五的时候可能会有一个爆发。同时有研究表明每天最易发怒的时刻为午饭前的一两小时。因此，我们需要根据自己的疲劳状况妥善地安排学习和休息时间。

7. 学会宽容

宽容是处理人际关系的一剂良药，一个处处宽容别人的人是很少发怒

的。而且宽容也可以使问题简单化，是解决矛盾的最佳方式。

梦窗禅师修行多年，德高望重。一天，他搭船渡河，渡船刚要离岸，远处跑来一位武士，着急地大声喊道："船家莫走！等一等，载我过河。"武士把马拴在岸边，急匆匆拿着马鞭朝水边跑过来。

船上有人说："船都已经离岸了，不能回头了，让他等下一趟吧。"船夫也顺势大声喊道："这位武士，请等下一趟吧。"武士听到后，焦急地在岸边走来走去，不知如何是好。正在此时，坐在船头的梦窗禅师轻声对船夫说："船家，趁着船还离岸不远，您就行个方便，搭他过河吧。"见这位出家人气度不凡，船夫听从了梦窗禅师的劝告，调转船头带上了那位武士。

武士火急火燎地上船后就开始四处寻找座位，很不巧，船满员，没有一个空座。当他看到坐在船头的梦窗禅师时，便拿着马鞭抽了过去，嘴里还骂道："老和尚，没看见本大爷上船吗？一边去！"这一鞭子恰好打在梦窗禅师的头上，顿时鲜血顺着禅师的脸颊流了下来。面对此情此景，禅师淡定从容，一言不发地把座位让给了蛮不讲理的武士。

船上的乘客们看到这一切，非常气愤。虽然大家害怕这位蛮横的武士，但是都为禅师的遭遇抱不平。他们开始窃窃私语："这个武士真是忘恩负义，要不是禅师求情，他能搭上这趟船吗？现在居然抢禅师的位子，还动手打人，真是太过分了！"武士从大家的议论中明白了事情的缘由，心里十分惭愧，可是又不好意思认错。

船行至对岸，乘客纷纷下了船。禅师不动声色地走到水边，用河水清洗了脸上的血污。粗鲁的武士再也忍受不了良心的谴责，急忙上前跪在禅师的面前，低头忏悔道："大师，实在对不住您。是我的错！"梦窗禅师却心平气和地说："不打紧，出门在外，难免心情不好。"

调整愤怒情绪的方法有多种，需要我们在日常生活中不断地积累，不断地总结。相信我们通过努力，一定会找到驾驭"愤怒怪"的方法，学会理智地对待生活中的不如意和小意外，随时保持一份好心情！

练习与拓展

一、想一想

亲爱的同学们，我们已经对"愤怒怪"进行了全方位的了解，同时也知道了一些驾驭它的方法。那么在现实生活中，当我们遇到不顺心的事情时，会使用这些方法来制服"愤怒怪"吗？下面就来演练一下吧！

1. 了解我的愤怒情绪

回忆你最近一段时间经历过的令你愤怒的事，写出你当时的反应。

自己当时愤怒的表情和动作： _____

_____

自己愤怒时的生理（身体）感觉： _____

_____

自己愤怒时做出的行为： _____

_____

愤怒后你和对方的感受： _____

_____

希望这样的练习能够帮助你更好地弄清愤怒情绪产生的原因，以及自己对待愤怒情绪的习惯性反应，为接下来的理性调整奠定基础。

2. 驾驭"愤怒怪"

请你分析下面的情景，你会赞同哪种处理方式？请你续写不同的处理方式可能发生的事情。

　　背景：同学 A 借了同学 B 的耳机，答应当晚还给同学 B，但是不小心给弄坏了，来不及修理，同学 A 正思考的时候，同学 B 走过来了。

　　情景一：同学 B 一听耳机坏了立刻火冒三丈，不听同学 A 的任何解释和道歉，并狠狠地骂了同学 A，最后同学 A 也愤然离去。

　　情景二：同学 B 一听耳机坏了，脸上不由自主地露出生气的表情，但是什么也没说就把耳机一把拿走，气呼呼地甩门离开。

　　情景三：同学 B 一听耳机坏了心里十分烦躁，简直要气炸了，但又故作平静地说："没有关系。"在心里，他觉得同学 A 很讨厌。

　　情景四：同学 B 听说耳机坏了心里确实有些不舒服，但他并没有直接发火。他对同学 A 说："耳机坏了我确实有点不爽，但相信你也是不小心弄坏的，我想办法修一修，估计问题不大。"

　　我倾向于情景 _____ 的处理方式，因为 _____。
　　请你为不同的处理方式续写后面可能发生的事情。
　　情景一： _____

_____

　　情景二： _____

_____

　　情景三： _____

_____

　　情景四： _____

_____

3. 出谋划策

运用你学到的管理愤怒情绪的知识，帮助瑶瑶出主意。

八年级女生瑶瑶被班里一个同学起了个难听的绰号，有时在食堂吃饭，这个同学也大声喊这个绰号，这使她非常生气。但是内向又敏感的她不敢发火，怕大家说她没有度量；也不敢告诉老师，怕把同学关系搞僵。瑶瑶实在没有办法了，常常在家里哭，也不想上学了。

假如你是瑶瑶，你会怎么办呢？

我给瑶瑶的建议是：_____

_____

_____

原因是：_____

_____

_____

_____

二、做一做

转走愤怒

生活中我们都不可避免地会遇到让自己愤怒的事情，遇到这些事情后，我们会采取什么样的方式应对呢？哪些调节愤怒的方法对我们来说是行之有效的呢？请总结近一个月自己尝试使用的较为有效的制怒方法，并写在下面这个大转盘里。让我们一起把愤怒转走吧！

三、测一测

检查一下你的愤怒是否影响了你的学习和生活。

1.你的愤怒是否持续的时间太长了?

2.愤怒是否导致你出现攻击行为?

3.愤怒的严重程度是否上升太快?

4.你的愤怒是否影响了你的社会角色(如作为学生完成学习任务的情况)?

5.你的愤怒是否出现得太频繁了?

6.你的愤怒是否太强烈了?

7.你的愤怒是否影响了你的人际关系?

8.你的愤怒是否导致了躯体问题(即身体不适)?

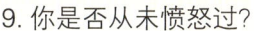

9. 你是否从未愤怒过?

如果你的回答中有 5 个或者 5 个以上"是"的话,那么愤怒已经成为影响你学习和生活的主要问题,需要赶快进行自我调整加以解决!

(资料来源:边玉芳主编:《中小学心理健康教育:心理》,华东师范大学出版社 2004 年版,有改动)

乐学进行时

谁说学习的味道只有苦涩？那些为了自己的梦想而学习，有学习目标和计划，常常获得学习成就感的同学就能品尝到属于学习的独特滋味。那么，我们能不能从现在开始，把快乐和学习联结在一起呢？

　　同学们，你们读过《学习也可以很快乐》这本励志校园小说吗？书中的主人公金珠梦想当一名宇航员，当听说学校要组织两天一夜的"星座阵营"活动时她非常兴奋。可是，金珠妈妈发现这个课外实践活动和金珠的英语培优课时间冲突，坚决反对她去。为了说服固执的妈妈同意自己参加活动，金珠煞费苦心地展开了一次打动妈妈的"特别行动"，她开始为了自己的梦想而努力。

　　在实现梦想的道路上，金珠学习到如何除掉"坏习惯杂草"：改掉不按时完成作业、不会整理自己的书包、上课经常迟到、自我约束力较差等

坏习惯；学会制作自己的"优先顺序冰激凌"——重要的事情就像冰激凌一样需要先完成，次要的事情就像甜筒一样之后再做；学会奖励自己取得的每一个小小成功——把梦想和实际行动联系在一起，制订一个科学合理的学习计划，每达到一个小目标，就自我奖励一下。金珠的能力在努力中不断提高，一开始觉得很难的问题，自然也变得简单了。在这个过程中，金珠还有了一个重大发现，那就是如果能在学习中享受一个个小成就，学习也可以很快乐。

其实每个同学都可以像金珠那样激发自己的学习热情，投入时间去学习，通过实现一个小目标，体验小小的成就感，逐渐获得对学习的自信心、主动权和控制感，并在自我激励中找到快乐，爱上学习，成就梦想。

快乐学习不仅需要制订目标和计划，学习中的情绪管理也非常重要。我们知道，换个角度思考问题能有效帮助我们从消极情绪中走出来。研究发现，情绪状态不同，人的头脑的状态也不同。情绪好时，更有机会表现好、学得好。无论是否觉察到，其实我们每天都是带着某些情绪在学习。快乐、充实、满足、放松、期待、自信等积极情绪会让我们在学习的时候头脑灵活、思维开阔，学习效率也很高。沮丧、恐惧、厌烦、焦虑、紧张、担心、疲惫等消极情绪会让我们在学习的时候提不起精神，甚至头脑一片空白，什么也学不进去。我们在学习中遇到挫折、困难，产生情绪乌云时，该怎么做呢？如何打破消极情绪和成绩落后之间的恶性循环，步入积极情绪和学习进步之间的良性循环呢？下面我们就从克服厌学和考试焦虑两方面谈一谈。

 厌学

1. 厌学的表现

有位母亲因为儿子不喜欢学习而非常苦恼。儿子上八年级了，不知道为什么，最近只要一提学习，他就一脸烦躁的表情；一拿到书本，他就哈欠不断。每天做作业，他也特别磨蹭，一块橡皮也能拿半天。人在心不在，就连简单的作业他也总写不完。妈妈让他预习一下第二天要学的功科，他就没好气地冲妈妈吼："有什么好预习的！"妈妈听见他经常嘟囔："学习真没意思，真累！"焦虑的妈妈找到班主任了解儿子在学校的情况，老师直截了当地告诉她，孩子现在很厌学！

这名男同学对学习的反应就是厌学的典型表现：对学习烦躁、厌烦；不想学，但又不得不学，于是就消极应付。除此之外，对学习无丝毫兴趣；上课注意力很难集中，不认真听讲；作业拖拉马虎、敷衍了事；思维缓慢、学习效率低下、学习不主动；考试及作业错误率高；常常烦躁、多思多虑、易怒；感觉无论如何都无法投入学习，上学简直就是一种折磨，从内心厌恶上学及学习的一切事宜，甚至做出逃学等极端行为都是厌学的表现。厌学有程度上的差异，但共同之处在于，只要一想到学习，就条件反射似的出现消极情绪和逃避行为。长时间厌学，就会把学习当成沉重的负担，甚至会造成比较严重的后果，成为家庭挥之不去的苦恼。

2. 厌学的形成

可能有的同学觉得，那些智力不够高、天生就不适合学习或者成绩不

好的同学就会厌学。其实，厌学和聪明不聪明没有任何关系，成绩好的同学也可能会厌学，而且没有人天生就不适合学习。人类的幼儿和所有哺乳动物的幼崽一样，天生就带着好奇心和强烈的学习欲望，喜欢探索。我们很少发现幼儿园的小朋友和低年级小学生厌学。调查表明，厌学在小学中高年级开始出现，到初中、高中愈演愈烈。这说明，厌学与学生的学校生活经历密切相关。

冰冻三尺，非一日之寒。厌学心理的形成自然也有一个发展过程。第一个阶段是焦虑。一开始，你会体验到因为没有实现预期目标而产生的挫败感，包括考试成绩不理想、感觉不能获得老师和同学的尊重与肯定、不能顺利地完成作业等。每当遇到这些小的挫折，心理就会产生焦虑不安的情绪。如果这些挫折和焦虑没有机会得到及时解决，继续累积，就会进入下一个阶段——怀疑，即开始质疑自己的学习能力，觉得自己似乎不是学习的料儿，但对学习并未完全丧失信心。这时，如果付出全部努力却仍然无济于事，仍然反复体验到失败，就会进入第三个阶段——恐惧。这时你已经在学习上产生了明显的障碍，几乎确定自己的学习能力存在问题，对学习产生了恐惧心理。通常表现为上课听不明白，对学习完全失去兴趣，一听到和学习有关的事就头大，有逃避学习的心理。当你内心产生恐惧，又无法逃避学习时，就会进入第四个阶段——自卑。此时，你把自己在学业上的失败全部归结于自己缺乏学习能力，以至于彻底丧失学习的信心。也就是说，这时你对学习体验到的是一种无助和绝望的心理，觉得自己无论怎么努力也学不好，于是就干脆放弃努力。这在心理学中被称为"习得性无助"。这种自卑、悲观的心态，不仅会对学习造成严重的消极影响，而且可能导致你的整个学校生活笼罩在消极的阴霾中。

然而，成功和失败并没有一个客观统一的标准。同样得 90 分，有的同学认为是巨大的成功，有的同学认为是无法接受的失败。我们说成绩好的同学也可能厌学，就是因为他们对成功的标准和学习的期待过高了，或是对学习的意义产生了怀疑。

　　谁也无法否认，厌学与学习中的挫折和失败有关，也可能会涉及来自老师和家长不恰当的评价、期待以及教育方法，还可能受到教育制度和社会风气的影响。但就个体而言，为什么偏偏是他厌学呢？接下来我们就来探讨一下厌学的原因。

　　厌学的同学对学习的认识有偏差。第一是成就动机低和缺乏目标。多是迫于老师、家长的压力被动地学习，认为学成什么样都没关系。不知道为了什么而学习，得过且过，很少思考自己长大以后要做什么，自己想要成为什么样的人。认为每天上学是为了家长和老师，自然会觉得乏味和无聊。第二是认为学习没有意义。认为学校教的东西在现实社会中根本用不上，即持"读书无用"的观点。或者虽然觉得读书无用，但并不知道什么有用。第三是对学习过度消极关注，对考试失利、排名落后非常在意，并且夸大成绩暂时落后的后果，觉得自己没有一点儿前途。第四是把学习暂时落后完全归结于自己的能力因素，认为自己智力不行，不是学习这块料儿。第五是对学习不感兴趣，认为学习是件苦差事，喜欢把精力用在自己感兴趣的其他方面，如电脑游戏、课外活动、校外活动或技术性课程、工艺性课程，甚至某些专长上。另外，厌学还可能与学生缺乏有效的学习方法和意志力较薄弱有关。

3. 克服厌学的方法

　　针对厌学的形成过程及原因，下面介绍几个解决的方法供大家参考。

　　第一招：改善环境，愉悦心情。也就是说，把学习和快乐尽量多地联系起来，那么就需要改善自己所处的环境。建议大家和老师、家长讨论，取得他们的支持，在家里写作业的时候用自己喜欢的零食作为奖励。选购自己喜欢的文具。按照自己喜欢的风格布置书房或书桌。在开始学习之前，觉察自己的情绪状态，如果感到烦躁，就有意识地调整一下，从自己相对

比较喜欢和擅长的内容开始。

第二招：改变观念，接受自我。很多时候，厌学就是一种在学习方面的"习得性无助"。解决办法就是反驳技术，使用乐观的解释风格，回顾自己曾经的成功和进步，寻找证据，发现自己的优点和长处，适当地给自己一些肯定，认识到自己是能够学好的。这是变厌学为乐学的重要一环。

第三招：培养兴趣，树立信心。"知之者不如好之者，好之者不如乐之者。"学习是人的本能和天性，唤起自己小时候学说话、学走路和认识世界的好奇心，尽量尝试和投入到自己感兴趣的各种学习活动中。当你品味到学习的乐趣时，当你能为自己的成长而学习时，你就离厌学越来越远了。

第四招：培养自律品质。每个人都要担任多种角色，无论哪种角色都会有一些必须要完成的事情。有些必须要做的事情，可能是我们不那么感兴趣的，这时就需要培养自律的品质，尽快完成。完成任务后，剩下的时间就能去做自己喜欢的事情，否则必须要做的事情和喜欢做的事情可能都做不好。自律是一种宝贵的品质。在学习阶段养成自律品质，到就业阶段会十分受益。习得自律是一个循序渐进的过程，一开始做不到也不要气馁。一旦自己能开始学习或者有进步时，就应给自己奖励。

第五招：加强对基础知识的学习。所有题目的变化都源于基础知识，你可以试着把学习重点转移到对基础知识的学习上来。在学习中，做难题要耗费很多时间、精力，结果还可能让你越来越气馁。把教材上的基础知识掌握牢固，你会发现难题反而会做了。

第六招：建立融洽和谐的师生关系。"亲其师，信其道。"我们和学校里同学、老师的关系也在很大程度上影响着我们的情绪。和同学、老师多交流，多理解、体谅他人，成为班级里受欢迎的同学，那么上学就会是一件快乐的事情，学习也就和快乐联系起来了。

第七招：要有适当的学习目标。像前面提到的，可以测试一下，你目前所掌握的知识的程度，把目标定得再高一点儿就可以了。太高的目标容易让自己压力太大，目标太低又让人提不起兴趣。总之，同学们确立的目标应是自己跳一跳就能够得到的。

第八招：对学习中的成败进行乐观的解释。就像"乐观思维链"里提到的，乐观的解释就是对失败进行特定的、暂时的和非个人化的解释，对成功进行普遍的、永久的和个人化的解释，让自己感觉好起来，迅速投入到学习中。

第九招：挖掘学习的意义。寻找你的人生梦想，认真思考：你当下的学习可以为你的人生梦想准备什么？你需要意识到，通过学校的学习，你能收获的绝不仅仅是各个学科的知识和技能。通过学校这一学习平台，你能收获很多可迁移的通用技能和优秀品质，如写作、口头表达、人际交往、逻辑思维、时间管理、负责任、勤奋等，这些技能和品质对每个同学未来的生活和就业都非常重要。

考试焦虑

因为面临考试而产生的担心考试失败或渴望得到更好分数的紧张、不安、忧虑、期望、心痛、出汗等身心变化和状态称为考试焦虑。焦虑程度高的人还会有睡不好、头晕、腹痛、心跳快、不想吃东西、情绪烦躁、记忆力减退等表现，对自我要求和考试期望值高的人表现得更为突出。

1. 耶克斯－多德森定律

根据耶克斯－多德森定律，焦虑程度与学习效果呈倒"U"形曲线关系。它首先告诉我们，适度焦虑是必要的。

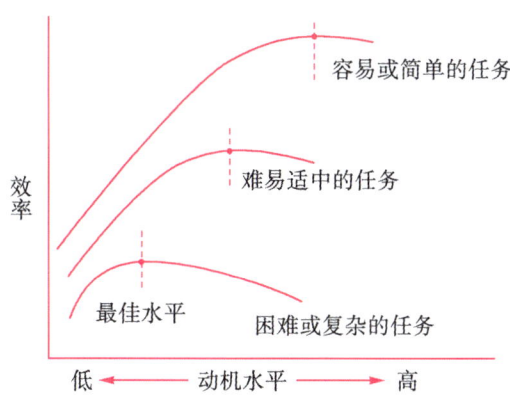

焦虑水平太低时学习者会呈现一种被动甚至麻木的学习状态，缺乏必要的学习紧迫感和自我提高动力，大脑思考也显得消极甚至迟钝。

过度焦虑、过高动机可能会使考生在考场上出现"思维阻抑"的现象，也就是突然头脑一片空白，什么都想不起来了；在平时的学习中，学习效率和学习效果也会大打折扣，注意力无法集中，甚至还会影响身心健康。

所以，我们需要的是适度焦虑。适度焦虑有利于保持和提高大脑两半球正常的兴奋性，能激发我们始终处于思维的主动状态，注意力高度集中，大脑运转加快，学习效率最优化，有助于更好地发挥水平，考出理想的成绩。

需要注意的是，不同难度的任务对应的适度焦虑水平不同，任务难度越低，需要唤起的焦虑水平越高，以便有足够的动机激发人们去行动；任务难度越高，适宜的焦虑水平越低，因为在放松的心态下才能发挥最大的潜力。当然，任务难度的高低与个体的能力又有关系，同样一个任务对不同的人来说难度是不同的。

"大考大玩，小考小玩，不考不玩"这种说法，从耶克斯－多德森定律来看，是有一定道理的。平时的学习相当于低难度任务，需要同学们更高的焦虑水平，加强自我约束和时间管理，认真学习。小考相当于中难度任务，而大考就相当于高难度任务。所以，如果你平时学习扎实，成绩稳定，在重要考试之前给自己适当多一些的放松时间是合理的。反之，如果平时学习过于放松，考试前就要临时抱佛脚，但效果往往不太好。所以，明智地管理自己平时的学习很重要。

2. 心理暗示

过度焦虑的背后往往是消极的自我暗示，让我们先来了解一下什么是暗示吧。

暗示是指通过言语或非言语（手势、表情、动作、环境）手段使人不自觉地接受某种观点、信念、态度或行为模式的影响，从而产生心理或行为的相应变化的过程。语言或环境的暗示能够使人很快进入一种状态，产生认知、情感及行为方面的转变。

为了感受神奇的心理暗示，请体验下面的小活动：

请你站起来向前伸出双手，左手掌心朝下，右手掌心朝上。闭上眼睛，深呼吸几次。现在把注意力放在你的左手上，想象有一块砖头放在你的左手手背上，很沉很沉。接下来把注意力放在你的右手上，想象右手上面拉着几个氢气球，很轻很轻。现在请睁开眼睛，观察你双手的位置。

是不是左手位置变得更低，右手位置变得更高了？这就是暗示的作用。那些在潜意识中我们不断对自己说的话，会成为影响我们情绪和行为表现的信念，需要我们用心加以觉察。

很多过度的学习和考试焦虑就来自消极自我对话带来的消极暗示。例如：觉得自己肯定考不好，一定会搞砸；如果考不好就太糟糕了，天塌下来了，前途从此一片灰暗；觉得自己笨，不适合学习，不是学习的料儿，不擅长考试……

同学们可以尝试着用心对自己说出下列肯定句，进行积极自我暗示，走出消极暗示的阴霾。

(1) 我比我想象中聪明多了。

(2) 我正在实现自己的目标。

(3) 学习是我喜欢的事情。

(4) 我能更喜欢学习。

(5) 我能学得更好。

(6) 我要记什么就能记住它。

(7) 我有很大的进步空间。

(8) 今天精神真好，我一定可以考好。

(9) 先做我会的题，感觉很顺利。

(10) 把握题目上的每个线索。

(11) 想一想，还有什么方法可以运用？

(12) 很好！到目前为止还不错，继续做下去。

3. 过度焦虑调节策略

如果在平时学习和考试期间过于焦虑，以至于对学习生活产生了比较明显的消极影响，那么除了上面提到的积极心理暗示策略，同学们还可以尝试下面这些办法。

第一招：接纳焦虑，积极关注。情绪、压力都需要适度表达，一味压抑只会适得其反。我们已经知道适度的焦虑对学习是有利的，所以我们可以这样对自己说："焦虑说明我很在乎学习，很在乎自己的表现，很在乎考试，说明我是一个对自己有要求的、有一定成就动机的学生；焦虑能帮助我调动潜能、积极投入，为了一个重要的并且具有一定挑战性的任务而付出努力，它真的是来提醒和帮助我的。"避免这样的自我对话："完了，完了，我考试焦虑了，考试肯定完了……"不必视焦虑为大敌而一味与其对抗，避免由于对抗焦虑而变得更焦虑，试着去觉察焦虑，理解焦虑想告诉你什么。

第二招：合理期待，减轻压力。焦虑值是你的实力与你的期望值的比值。如果你对学习和考试的期待值是自己跳一跳能够得到的，那么它就能帮助你产生一个良好的心态，最有效地激发你的潜能。期待值太低，焦虑水平太低，动机不足；期待值太高，焦虑水平太高，动机过强。

第三招：放松肌肉，缓解焦虑。双手紧握拳头，尽量用力握得紧一些。然后慢慢地松开，体验放松的感受。反复多做几次。

第四招：乐观心态，增强自信。不放大失败，不失去信心，聚焦改进。不必太在乎分数和排名，重要的是及时解决考试中反映出来的问题，以解决问题为目标。为自己点赞，每天说出自己的三个收获。多回顾过去考试成功和学习进步的经验。

练习与拓展

一、想一想

还记得上学第一天，你充满好奇、兴奋地背起小书包，拉着爸爸、妈妈的手，开心地去学校报到的情景吗？你小鸟似的飞跑进教室，加入一群叽叽喳喳的小同学当中。从那时起，你便拥有了一个新的身份——学生，还拥有了一群朝夕相处的小伙伴。在这些年的学校生活中，你一定有不少美好的回忆，请回想三件令你最难忘的、高兴的或骄傲的事。

1.＿＿＿＿＿＿＿＿＿＿＿＿＿＿＿＿＿＿＿＿＿＿＿＿

2.＿＿＿＿＿＿＿＿＿＿＿＿＿＿＿＿＿＿＿＿＿＿＿＿

3.＿＿＿＿＿＿＿＿＿＿＿＿＿＿＿＿＿＿＿＿＿＿＿＿

快乐学习，需要我们学会用积极的视角看待自己的学习，找到学习中的成就感。让我们从现在就开始练习吧！想一想，这一周你取得了哪三个进步？

1.＿＿＿＿＿＿＿＿＿＿＿＿＿＿＿＿＿＿＿＿＿＿＿

2.＿＿＿＿＿＿＿＿＿＿＿＿＿＿＿＿＿＿＿＿＿＿＿

3.＿＿＿＿＿＿＿＿＿＿＿＿＿＿＿＿＿＿＿＿＿＿＿

回顾你在学校度过的这一天，你的三个收获是什么？

1.＿＿＿＿＿＿＿＿＿＿＿＿＿＿＿＿＿＿＿＿＿＿＿

2.＿＿＿＿＿＿＿＿＿＿＿＿＿＿＿＿＿＿＿＿＿＿＿

3.＿＿＿＿＿＿＿＿＿＿＿＿＿＿＿＿＿＿＿＿＿＿＿

二、做一做

1. "诉苦" 大会

请你用 "不得不" 造 5 个句子，要求内容与学习有关。

（例如：我不得不每天早起背单词。）

我不得不 ＿＿＿＿＿＿＿＿＿＿＿＿＿＿＿＿＿＿

我不得不 ＿＿＿＿＿＿＿＿＿＿＿＿＿＿＿＿＿＿

我不得不 ＿＿＿＿＿＿＿＿＿＿＿＿＿＿＿＿＿＿

我不得不 ＿＿＿＿＿＿＿＿＿＿＿＿＿＿＿＿＿＿

我不得不 ＿＿＿＿＿＿＿＿＿＿＿＿＿＿＿＿＿＿

请你认真地体会当你用 "不得不" 句型写下句子并对自己说话时，你的感受。

2. "我选择……"

把你在 "'诉苦'大会" 中写的句子中的 "不得不" 改成 "选择"，然后写下来。

（例如：我选择每天早起背单词。）

我选择 ＿＿＿＿＿＿＿＿＿＿＿＿＿＿＿＿＿＿＿

我选择 ＿＿＿＿＿＿＿＿＿＿＿＿＿＿＿＿＿＿＿

我选择 ＿＿＿＿＿＿＿＿＿＿＿＿＿＿＿＿＿＿＿

我选择 _____

我选择 _____

同样的内容，当你把"不得不"句型改写成"我选择"句型时，你的感受有什么不同？

3.学习厌烦时我说……

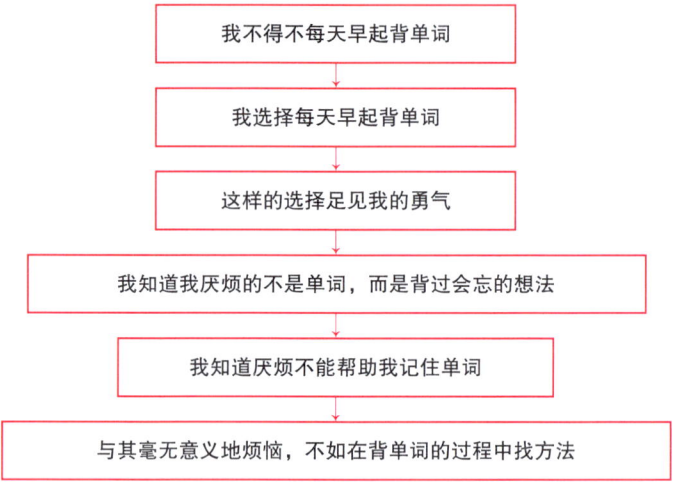

我不得不每天早起背单词

我选择每天早起背单词

这样的选择足见我的勇气

我知道我厌烦的不是单词，而是背过会忘的想法

我知道厌烦不能帮助我记住单词

与其毫无意义地烦恼，不如在背单词的过程中找方法

从自己前面的造句中选出一句，仿照上面的例子，填写在下面。

学习厌烦时我说……

我不得不 _____

我选择 _____

这样的选择足见我的勇气。

我知道我厌烦的不是 _____，而是 _____

我知道厌烦不能帮助 _____

与其毫无意义地烦恼，不如 _____

参考文献

[1] 彭聃龄.普通心理学[M].北京：北京师范大学出版社，2001.

[2] 崔丽娟.探秘花季心灵：初中学生版[M].北京：机械工业出版社，2004.

[3] 张洁.你会调控自己的情绪吗[M].北京：科学出版社，2004.

[4] 傅小兰.情绪心理学[M].上海：华东师范大学出版社，2016.

[5] 蔡秀玲，杨智馨.情绪管理[M].合肥：安徽人民出版社，2001.

[6] 巴洛，等.情绪障碍跨诊断治疗的统一方案：治疗师指南[M].王辰怡，尉玮，闫煜蕾，等，译.北京：中国轻工业出版社，2013.

[7] 盖瑞·斯默尔，吉吉·沃根.大脑革命[M].梁桂宽，译.北京：中国人民大学出版社，2009.

[8] 马歇尔·卢森堡.非暴力沟通[M].阮胤华，译.北京：华夏出版社，2012.

[9] 米杉.情商魔法训练营[M].倪男奇，译.南京：译林出版社，2011.

[10] 张冲，刘玉娟.学生情绪问题与教育方案[M].北京：中国轻工业出版社，2010.

[11] 刘翔平.当代积极心理学[M].北京：中国轻工业出版社，2010.

[12] 边玉芳.中小学心理健康教育：心理[M].上海：华东师范大学出版社，2004.

[13] 林卫平.高中心理辅导活动课教案[M].杭州：浙江教育出版社，2011.

[14]马丁·塞利格曼，卡伦·莱维奇，莉萨·杰科克斯，等.教出乐观的孩子[M].洪莉，译.北京：北京联合出版公司，2017.

[15]阳志平，等.积极心理学团体活动课操作指南[M].北京：机械工业出版社，2010.

[16]阿黛尔·法伯，伊莱恩·玛兹丽施.如何说孩子才会听　怎么听孩子才肯说[M].安燕玲，译.北京：中央编译出版社，2012.

[17]俞国良，董妍.学业情绪研究及其对学生发展的意义[J].教育研究，2005（10）.

[18]何晓丽，王振宏，王克静.积极情绪对人际信任影响的线索效应[J].心理学报，2011（12）.

[19]周婷，王登峰.情绪表达抑制与心理健康的关系[J].中国临床心理学杂志，2012（1）.